Début d'une série de documents
en couleur

J. RIOLLOT

INGÉNIEUR CIVIL DES MINES.

LES

CARRÉS MAGIQUES

CONTRIBUTION A LEUR ÉTUDE

9	1	7	0
7	0	9	1
0	7	1	9
1	9	0	7

PARIS,

GAUTHIER-VILLARS, IMPRIMEUR-LIBRAIRE

DU BUREAU DES LONGITUDES, DE L'ÉCOLE POLYTECHNIQUE,

Quai des Grands-Augustins, 55.

1907

CAHEN (E.), ancien Élève de l'École Normale supérieure, Professeur de mathématiques spéciales au Collège Rollin. — **Éléments de la Théorie des nombres.** *Congruences. Formes quadratiques. Nombres incommensurables. Questions diverses.* Grand in-8; 1900............... 12 fr.

LUCAS (Édouard), Professeur de Mathématiques spéciales au Lycée Saint-Louis. — **Récréations mathématiques.** 4 volumes petit in-8, caractères elzévirs, titres en deux couleurs, se vendant séparément :

TOME I. — *Les Traversées. — Les Ponts. — Les Labyrinthes. — Les Reines. — Le Solitaire. — La Numération. — Le Baguenaudier. — Le Taquin.* 2e édition; 1891. Prix : Papier hollande, 12 fr. — Vélin, 7 fr. 50.

TOME II. — *Qui perd gagne. — Les Dominos. — Les Marelles. — Le Parquet. — Le Casse-tête. — Les Jeux de demoiselles. — Le Jeu icosien d'Hamilton.* 2e édition; 1896. Prix : Papier hollande, 12 fr. — Vélin, 7 fr. 50.

TOME III. — *Le Calcul digital. — Machines arithmétiques. — Le Caméléon. — Les Jonctions de points. — Le Jeu militaire. — La Prise de la Bastille. — La Patte d'oie. — Le Fer à cheval. — Le Jeu américain. — Amusements par les jetons. — L'Étoile nationale. — Rouge et Noire;* 1893. Prix : Papier hollande, 9 fr. 50. — Vélin, 6 fr. 50.

TOME IV ET DERNIER. — *Le Calendrier perpétuel. — L'Arithmétique en boules. — L'Arithmétique en bâtons. — Les Mérelles au XIIIe siècle. — Les Carrés magiques de Fermat. — Les réseaux et les dominos. — Les régions et les quatre couleurs. — La Machine à marcher.* — Prix : Papier hollande, 12 fr. — Vélin, 7 fr. 50.

LUCAS (Édouard), Professeur de Mathématiques spéciales au Lycée Saint-Louis. — **Théorie des nombres.** *Le calcul des nombres entiers. Le calcul des nombres rationnels. La divisibilité arithmétique.* Grand in-8, avec figures; 1891... 15 fr.

POINCARÉ (H.), Membre de l'Institut, Professeur à la Faculté des Sciences de Paris. — **Calcul des probabilités.** Leçons professées pendant le 2e semestre 1893-94, rédigées par A. QUIQUET, ancien élève de l'École normale supérieure. Grand in-8 (25 × 16) de 275 pages, avec 19 figures ; 1896.. 9 fr.

SERRET (J.-A.), Membre de l'Institut. — **Traité d'Arithmétique**, à l'usage des Candidats au Baccalauréat ès Sciences et aux Écoles spéciales. 7e édition, revue et mise en harmonie avec les derniers programmes officiels, par **J.-A. SERRET** et par **Ch. de COMBEROUSSE**, Professeur de Cinématique à l'École Centrale et de Mathématiques spéciales au Collège Chaptal. In-8; 1887. (*Autorisé par décision ministérielle.*)

Broché......... 4 fr. 50 c. | Cartonné....... 5 fr. 25 c.

STIELTJES (T.-J.), Professeur à la Faculté des Sciences de Toulouse. — **Sur la théorie des nombres.** *Premiers éléments. Sur la divisibilité des nombres. Des congruences. Équations linéaires indéterminées. Systèmes de congruences linéaires.* In-4; 1895.................. 3 fr. 50 c.

38736 Paris. — Imprimerie GAUTHIER-VILLARS, quai des Grands-Augustins, 55.

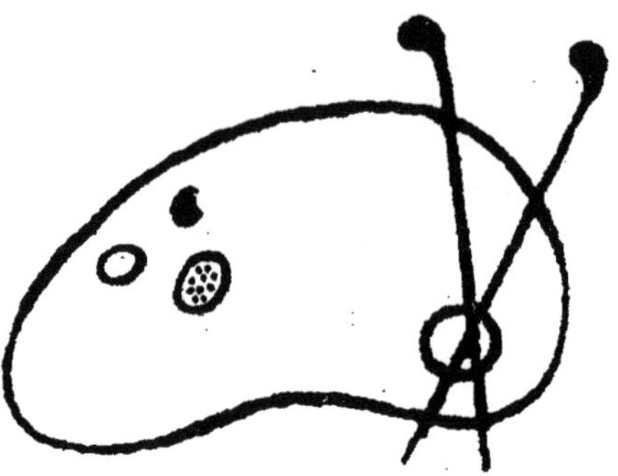

Fin d'une série de documents
en couleur

LES

CARRÉS MAGIQUES.

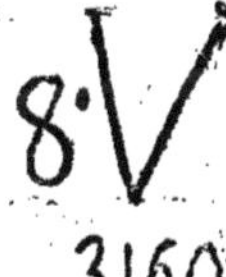

PARIS. — IMPRIMERIE GAUTHIER-VILLARS
38726 Quai des Grands-Augustins, 55.

J. RIOLLOT
INGÉNIEUR CIVIL DES MINES.

LES

CARRÉS MAGIQUES

CONTRIBUTION A LEUR ÉTUDE

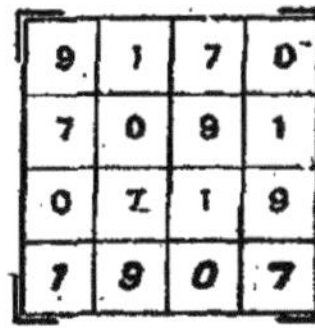

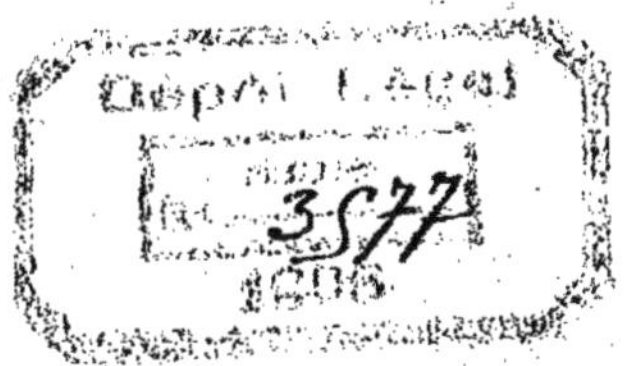

PARIS,
GAUTHIER-VILLARS, IMPRIMEUR-LIBRAIRE
DU BUREAU DES LONGITUDES, DE L'ÉCOLE POLYTECHNIQUE,
Quai des Grands-Augustins, 55.

1907

LES

CARRÉS MAGIQUES.

INTRODUCTION.

On ne sait rien de précis sur l'origine des carrés magiques; il est certain, toutefois, qu'ils sont connus depuis bien des siècles.

N'est-il pas tout naturel de supposer, d'ailleurs, que ces figures sont aussi vieilles que l'échiquier lui-même sur lequel les Anciens maniaient, avec tant d'habileté, les pions et les dés, dans leurs jeux de table favoris?

Il est sûr que l'exercice du *Chaturanga* chez les Hindous, du *Ludus calculorum* chez les Romains, du *Shatranj* au moyen âge et autres jeux de même espèce rendait nécessaire, non seulement le repérage des cases et la notation des coups, mais la pratique d'opérations faisant jouer constamment les nombres en même temps que les pions sur l'échiquier.

De fait, les Anciens remarquèrent vite la magie spéciale de certains nombres groupés sur le cadre fameux de la Table de Pythagore et, tandis que les nombres jouissaient à leurs yeux des vertus les plus étranges, ils attribuèrent aux carrés magiques, qualifiés ainsi par eux, sans doute, des qualités merveilleuses.

Ces figures, construites en très petit nombre d'abord, sont interprétées par les devins et les faiseurs de talismans; sur elles s'échafaudent d'invraisemblables systèmes d'astrologie; elles se transmettent ainsi, enveloppées de mystère, jusqu'au moyen âge. L'auteur byzantin Moschopulos, le premier qui ait écrit sur ce sujet, et plus tard même Corneille Agrippa, au seizième siècle, leur attribuent encore des propriétés surnaturelles.

Les carrés magiques sont maintenant dépouillés du voile mystérieux qui cachait leur véritable essence; justifiant, de nouvelle façon, le nom qu'ils avaient reçu des Anciens, ils ont exercé leur magie particulièrement attirante sur un grand nombre de mathématiciens ou d'amis des sciences.

D'illustres savants comme Euler, Fermat, lequel a dit « qu'il ne connaissait rien de plus beau en l'Arithmétique », se sont adonnés à leur étude avec passion dans le seul but « de faire naître sur les nombres quelques vues nouvelles ».

Beaucoup cependant des premiers chercheurs, dont nous connaissons les travaux et les méthodes, n'ont vu dans les carrés magiques que thème à récréations mathématiques, sans aucune utilité pratique, et c'est sous cet aspect de *Problesmes plaisans et délectables qui se font par les nombres* (¹) que la plupart des auteurs les ont présentés, dans leurs ouvrages, aux amateurs de ce genre d'amusements.

Dans l'introduction à son volumineux *Traité complet des Carrés magiques,* publié en 1837, Violle fait cette remarque :

« On peut demander quelle utilité peut résulter de la connaissance des méthodes diverses propres à la construction des carrés magiques. Il faut bien avouer qu'on n'a pas encore tiré parti de cette singulière combinaison des nombres; mais, d'abord, puisque tout se lie dans les sciences mathématiques, il n'est pas reconnu ni démontré qu'on ne puisse utiliser avec succès ces méthodes. »

Il appartenait au savant professeur Lucas de répondre aux desiderata de ceux qui, trop intéressés, seraient tentés de considérer comme vaines et futiles les recherches entreprises dans le domaine des sciences pures sans souci préalable, immédiat, de réaliser quelque objet matériel. Ses recherches sur les carrés magiques particuliers, qualifiés par lui de *diaboliques,* l'ont conduit non seulement à quelques nouvelles et curieuses applications théoriques du problème, mais à celle plus pratique résultant de l'analogie des méthodes de construction de ces carrés remarquables avec celles qu'il avait données antérieurement dans sa *Géométrie du Tissage* pour la construction de l'armure des satins réguliers.

Grâce à lui, tous ceux qui, s'occupant, aux heures de loisir, de ce problème fascinateur, auront eu la bonne fortune de le faire connaître à

(¹) BACHET DE MÉZIRIAC, Lyon, 1612.

d'autres et, mieux encore, d'en étendre le champ, de découvrir et de fixer à son sujet quelques nouvelles propriétés, quelques nouvelles méthodes, pourront, s'ils en éprouvent le besoin, justifier doublement l'emploi du temps qu'ils auront consacré à étudier, faire connaître ou accroître une œuvre agréable et utile.

J. Riollot.

PREMIÈRE PARTIE.

LES FIGURES DE NOMBRES SUR L'ÉCHIQUIER.

CHAPITRE I.

CONSIDÉRATIONS GÉNÉRALES.

Différentes manières de garnir l'échiquier avec n^2 nombres donnés. — Examen de quelques inscriptions méthodiques élémentaires. — Figures résultantes en général. — Étendue et difficultés du problème. — Carrés magiques.

Étant donné un échiquier carré, c'est-à-dire un carré divisé au moyen de lignes droites en n bandes verticales, n bandes horizontales et contenant par conséquent n^2 cases, on peut y écrire, à raison d'un par case, n^2 nombres donnés de beaucoup de manières différentes. De combien exactement?

Comme chacune de ces manières n'est, en réalité, qu'une forme d'écriture d'une des permutations simples des n^2 nombres considérés et qu'à chacune de toutes les permutations possibles correspond bien une disposition spéciale de l'échiquier garni, leur nombre est précisément :

$$A_{n^2}^{n^2} = P_{n^2} = 1 \times 2 \times 3 \times \ldots \times n^2.$$

Ainsi quatre nombres peuvent s'écrire, sur un échiquier de quatre cases, de

$$1 \times 2 \times 3 \times 4 = 24 \text{ manières.}$$

Neuf, sur un échiquier de neuf cases, de

$$1 \times 2 \times 3 \times 4 \times 5 \times 6 \times 7 \times 8 \times 9 = 362880 \text{ manières.}$$

Le nombre des solutions devient bientôt prodigieux si n^2 augmente encore.

Les n^2 nombres donnés étant quelconques, on ne voit pas *a priori*, malgré les propriétés spéciales de l'échiquier considéré en lui-même, quelle particularité intéressante pourrait présenter l'un ou l'autre des groupements de nombres ainsi formés.

Il en est tout autrement, au contraire, si les n^2 nombres ont entre eux des rapports particuliers de *grandeur* et d'*ordre;* on conçoit aisément que l'inscription méthodique de ces nombres sur un réseau de cases comme celui de l'échiquier puisse conduire à la production de figures jouissant de propriétés spéciales.

Inscrivons, par exemple, dans leur ordre naturel les 1, 2, 3,..., n^2 premiers nombres dans les cases des n bandes horizontales successives d'un échiquier de n^2 cases, la figure qui en résulte éveille immédiatement l'attention par son aspect d'ordre d'abord, aussi par certaines singularités évidentes résultant non seulement de la valeur particulière et relative des nombres, mais de leur *situation* les uns par rapport aux autres.

Ainsi, l'examen de l'échiquier de 16 cases, garni comme nous venons de le dire (*fig.* 1) (les nombres 1, 2, 3,..., 16 numérotant les cases de

Fig. 1.

1	2	3	4	= 10
5	6	7	8	= 26
9	10	11	12	= 42
13	14	15	16	= 58
= 28	= 32	= 36	= 40	

(diagonales : 34, 34)

gauche à droite dans les bandes horizontales successives), fait ressortir, entre autres, les propriétés suivantes :

1° Dans les bandes verticales, les nombres se succèdent en progression arithmétique de raison 4;

2° Leurs sommes successives

28, 32, 36, 40

forment également une progression arithmétique dont la raison est 4;

3° Les sommes successives

$$10, 26, 42, 58$$

des nombres inscrits, par bandes horizontales, sont en progression arithmétique de raison 16.

4° Les nombres placés sur les diagonales se succèdent aussi en progression arithmétique :

De gauche à droite, raison égale à 5 ;

De droite à gauche, raison égale à 3.

5° La somme de ces nombres, dans l'une comme dans l'autre diagonale, est égale à 34.

D'une façon générale, la figure 2 traduit les principales propriétés de ce mode particulier d'arrangement pour n^2 quelconque.

Fig. 2.

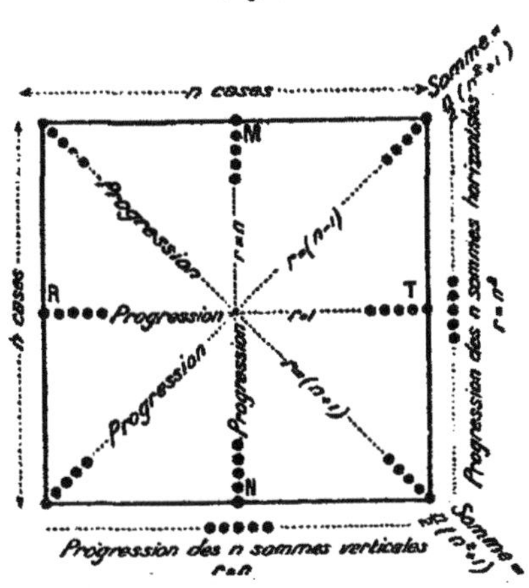

Notons que, pour n impair, c'est le cas de la figure 2, la somme des nombres placés respectivement dans les deux rangées de cases, suivant les axes MN et RT de l'échiquier, est égale, comme pour les diagonales, à $\frac{n}{2}(n^2+1)$, c'est-à-dire à la somme des n^2 nombres contenus divisée par n.

Nous ne poursuivrons pas plus loin l'analyse d'un tel groupement des n^2 premiers nombres résultant de l'écriture instinctive la plus simple ; nous ne le retiendrons que pour désigner, à l'occasion, chacune des cases de l'échiquier par un numéro d'ordre qui sera précisément le nombre correspondant de la figure 2.

Constatons, toutefois, que l'étude plus approfondie de cette figure nous ferait entrevoir, mieux encore, la nécessité d'une analyse spéciale géométrique capable d'exprimer les rapports de position et d'ordre des nombres considérés.

Cette géométrie particulière, désirée et créée par l'illustre philosophe et savant Leibniz pour exprimer directement la *position* comme l'Algèbre exprime la *grandeur*, est la *géométrie de situation* étudiée par Euler et, après lui, par de nombreux mathématiciens.

Avec les seize premiers nombres de la figure 1, nous aurions pu, au hasard de l'inspiration, mais cependant avec un souci intéressé de l'ordre, garnir immédiatement d'autres façons curieuses les seize cases de l'échiquier : en écrivant, par exemple, la suite des nombres horizontalement, mais de deux en deux cases (*fig.* 3), ou encore par groupes de quatre,

Fig. 3.

				= 34
1	9	2	10	= 22
3	11	4	12	= 30
5	13	6	14	= 38
7	15	8	16	= 46
=	=	=	=	=
16	48	20	52	34

Fig. 4.

				= 44
1	2	5	6	= 14
4	3	8	7	= 22
13	14	9	10	= 46
16	15	12	11	= 54
=	=	=	=	=
34	34	34	34	24

aux quatre angles de l'échiquier (*fig.* 4), et faire de nouvelles constatations intéressantes sur chacune de ces figures.

Nous aurions pu, d'ailleurs, avec du temps et de la patience, arriver à construire toutes les figures possibles, grâce à l'analyse combinatoire, et nous livrer ensuite à une observation type par type ; mais il est évident que la recherche, parmi tous les échiquiers garnis, de ceux pouvant présenter certaines propriétés serait fort longue et deviendrait impraticable, étant donné le nombre de dispositions pour n^2 plus grand.

Les considérations qui précèdent conduisent tout naturellement au désir d'une méthode d'investigation plus parfaite qu'on devine, empruntant à la fois les ressources de l'Arithmétique, de l'Algèbre et de la Géométrie de situation, qui permette non seulement de composer avec n^2 nombres quelconques toutes les figures possibles, sur un échiquier de n^2 cases, et d'en fixer le nombre, mais de les classer et de les dénombrer par familles de types présentant les mêmes propriétés. Méthode qui permettrait aussi de prévoir les différents types, comme conséquence de telle ou telle nature, de telles ou telles grandeurs de nombres, ainsi que de leurs divers arrangements ; enfin de les reconnaître et de les reproduire à volonté, au moyen de règles particulières à chaque sorte.

L'idée de cette méthode conduit à l'imaginer plus parfaite encore, s'appliquant aux généralisations plus vastes du problème envisagé sur des réseaux de cases quelconques plans ou courbes, simples ou composés, renfermant des nombres soumis à toutes les relations possibles de grandeur d'ordre et de position.

Bien avant même que les premiers principes d'une méthode rationnelle aient été fixés, quelques figures obtenues d'abord sur un petit nombre de cases, ensuite par analogie sur des réseaux plus grands, se sont fait remarquer par leurs propriétés particulièrement curieuses et attrayantes. Au nombre de celles-là sont les *carrés magiques*, dont nous allons nous occuper spécialement, laissant aux mathématiciens autorisés le soin de solutionner le vaste problème de l'échiquier, tel que nous l'avons posé, et de nous faire connaître d'autres figures peut-être plus merveilleuses encore.

CHAPITRE II.

DÉFINITION. NOTATION, CLASSIFICATION DES CARRÉS MAGIQUES.

Exemples de carrés magiques. — Expressions consacrées pour leur désignation. — Magie des figures. — Nature du problème. — Magie complémentaire. — Types divers : carrés diaboliques, semi-diaboliques, carrés simples avec ou sans magie complémentaire. — Remarques sur la classification.

On appelle *carré magique* un carré divisé en d'autres plus petits par un double réseau de lignes parallèles à ses côtés, présentant ainsi l'aspect d'un échiquier régulier dont les cases ont été garnies de nombres entiers égaux ou inégaux, mais de telle sorte que la somme des nombres placés dans une même rangée horizontale, dans une même rangée verticale ou dans une même rangée diagonale soit toujours la même.

Tel le célèbre carré de la figure 5, de seize éléments (les 1, 2, 3, ..., 16 premiers nombres) qu'on trouve représenté sur la fameuse gravure *Melencholia* d'Albert Dürer, datée précisément par l'ensemble des deux nombres 15 et 14 de la ligne inférieure.

Fig. 5.

16	3	2	13
5	10	11	8
9	6	7	12
4	15	14	1

Ce carré bien connu peut se déduire, comme nous apprendrons à le faire, de celui qu'on obtient (*fig.* 7) par une transformation simple de la figure 1 dans laquelle, ainsi que l'indique le Tableau parlant de la figure 6, huit nombres ont changé de place deux à deux (procédé indiqué par Frénicle et cité par Lucas dans ses *Récréations mathématiques*) :

Fig. 6.

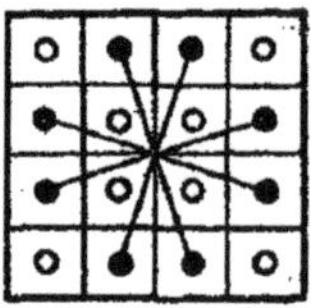

Fig. 7.

1	15	14	4
12	6	7	9
8	10	11	5
13	3	2	16

Tels encore les carrés différents (*fig.* 9 et 11) obtenus par transformations du même genre (*fig.* 8 et 10), respectivement :

1° Sur la figure 3 :

Fig. 8.

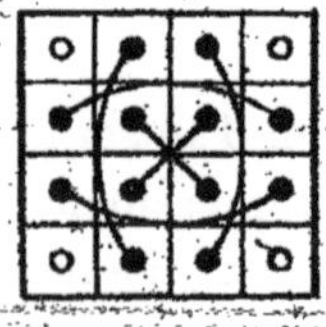

Fig. 9.

1	15	8	10
12	6	13	3
14	4	11	5
7	9	2	16

2° Sur la figure 4 :

Fig. 10.

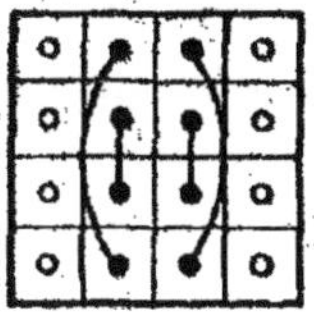

Fig. 11.

1	15	12	6
4	14	9	7
13	3	8	10
16	2	5	11

et le carré de la figure 12, de vingt-cinq éléments dont quatre répétés, les nombres 12, 15, 23, 26 y figurant deux fois chacun ;

Fig. 12.

4 c=90 1

26	28	5	12	19
27	9	11	23	20
8	15	17	24	26
14	16	23	25	12
15	22	34	6	13

Nous dirons qu'un carré magique de n^2 éléments (que nous savons d'ailleurs numéroter) est de *racine n*; *n* (au moins égal à 3, puisqu'on ne saurait évidemment construire un carré magique avec quatre nombres) représentant le nombre de cases du côté de l'échiquier correspondant. Suivant la nature et la valeur de *n*, nous emploierons communément les expressions de *carré pair*, *carré impair*, et aussi de *carré de* 3, *de* 4, *de* 5, etc... pour ceux construits avec 9, 16, 25, ... éléments.

Notons, de plus, que nous désignerons tout simplement par *lignes* les bandes de cases horizontales, par *colonnes* les bandes de cases verticales; enfin que nous appellerons *première diagonale* celle partant de l'angle gauche supérieur, aboutissant à l'angle droit inférieur, et l'autre : *deuxième diagonale*.

La *magie* présentée par les nombres groupés sur un échiquier peut être partielle.

Toute ligne, colonne ou diagonale égale à la constante *c* du carré magique possible avec ces mêmes nombres étant qualifiée de *magique*, on peut observer des figures présentant, au point de vue de la magie, les propriétés les plus diverses. Dans les figures 1 et 3, les diagonales seules, dans la figure 4, les colonnes seules sont magiques, donnant lieu à la *magie verticale*.

On peut, de même, rencontrer la *magie horizontale*.

Les carrés comme ceux des figures 13 (avec seize éléments distincts), et 14 (avec seize éléments dont quatre répétés), possédant, à la fois, magie verticale et magie horizontale, sont qualifiés de *semi-magiques* :

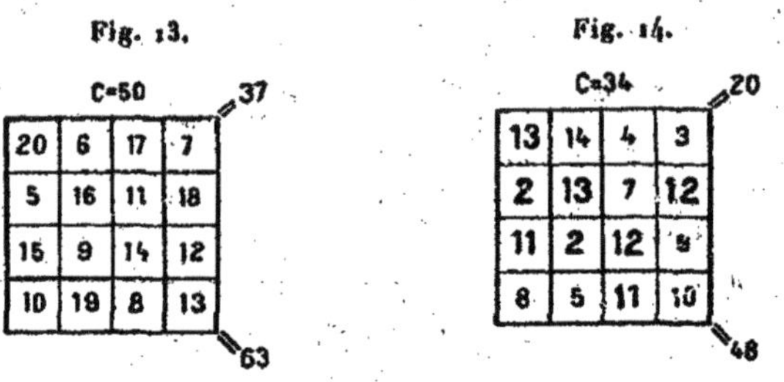

Nous les distinguerons en notant toujours, aux angles, la valeur des diagonales, différente de la constante.

Nous verrons que ces figures peuvent, dans beaucoup de cas, se transformer aisément en carrés magiques au moyen de permutations très simples.

Le problème des carrés magiques n'est pas, comme on pourrait le croire, du domaine exclusif de l'Algèbre ; les $2n + 2$ égalités : *n pour les lignes, n pour les colonnes, 2 pour les diagonales,* indiquant la constance des sommes de ces divers groupes de n nombres, ne pouvant être considérées comme des équations ordinaires.

Elles sont, en effet, la traduction, non seulement des relations de grandeur des éléments du carré, mais de la position qu'ils occupent, les uns par rapport aux autres, dans chacune des bandes ou diagonales qu'elles représentent, et doivent être interprétées en conséquence.

Ainsi, par exemple, pour le carré de 4, la question étant posée de la façon suivante :

Trouver seize nombres assujettis à dix conditions : quatre pour les lignes, quatre pour les colonnes, deux pour les diagonales ?

Si l'on peut observer que les dix conditions du problème ne sont pas distinctes et qu'une d'elles est la conséquence des neuf autres, il faut remarquer aussi que neuf d'entre elles qui sont nécessaires, ne sont pas suffisantes pour déterminer un carré magique; en d'autres termes, qu'à toute solution algébrique du système des neuf «équations» ne correspond pas forcément un carré magique déterminé.

Le carré de la figure 15, dans lequel les seize nombres sont liés par neuf des égalités de la magie complète, n'est que semi-magique avec cette particularité que sa première diagonale est égale à la constante des lignes et des colonnes.

Fig. 15.

C=34 — 38 — 34

1	7	12	14
9	15	6	4
8	2	13	11
16	10	3	5

Fig. 16.

1	7	14	12
9	15	4	6
8	2	13	11
16	10	3	5

Ce carré devient magique par la permutation des cases n°s 3 et 7 avec celles n°s 4 et 8 (*fig.* 16).

La vraie nature du problème se précise lorsque les n^2 nombres sont donnés et qu'il s'agit de les disposer sur l'échiquier pour obtenir la magie désirée; c'est à la science des nombres, évidemment, qu'il faut demander la solution cherchée en faisant appel à la fois à l'*Arithmétique de grandeur* et à l'*Arithmétique de position*.

Parmi tous les carrés magiques, dont le nombre s'accroît avec une grande rapidité à mesure qu'augmente la racine n, il en est qui présentent, en outre de celles fondamentales définies précédemment, des propriétés spéciales du même genre, leur donnant, en quelque sorte, un *complément de magie*.

Ces figures en sont naturellement d'autant plus remarquables.

On conçoit, en effet, que parmi les n^2 éléments du carré il soit possible, généralement, de rencontrer en dehors des groupes de n éléments, à somme constante, par lignes, colonnes et diagonales, de nouveaux groupes distincts, toujours de n éléments, dont la somme soit encore égale à cette même constante et qu'il puisse en résulter, dans certains cas, des figures plus singulières par de nouvelles propriétés subséquentes, si ces groupes se trouvent disposés symétriquement par rapport aux axes de la figure, ce qui est d'ailleurs fréquent.

On peut vérifier, par exemple, sur tout carré magique de 4 que les quatre groupes de nombres, symétriquement placés, comme l'indique schématiquement la figure 17, donnent encore une somme égale à la constante (*carrés de la progression naturelle*).

Fig. 17.

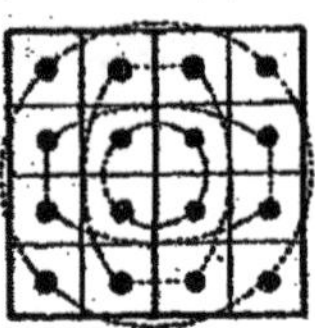

La **magie complémentaire totale**, c'est-à-dire celle résultant de l'existence, sur la figure, du plus grand nombre qu'on puisse y remarquer de groupes à sommes constantes C *dont les n éléments sont disposés sur deux lignes de cases égales ou inégales, parallèles aux diagonales*, donne lieu aux *carrés diaboliques* ainsi qualifiés par Lucas, carrés qui avaient été entrevus, sans qu'ils aient éveillé toute leur attention, par La Hire, Euler et Sauveur.

Tel celui de la figure 18, construit avec les seize premiers nombres, sur

Fig. 18.

1	14	11	8
15	4	5	10
6	9	16	3
12	7	2	13

Fig. 19.

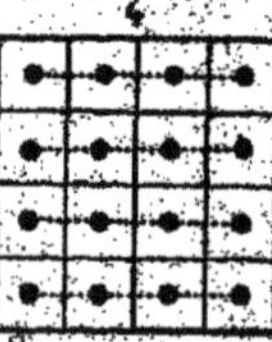

Fig. 20.

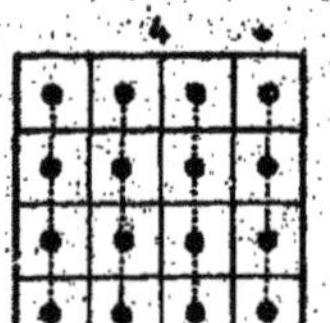

4

Fig. 21.

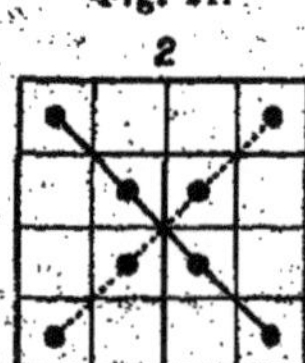

lequel il est possible de repérer à l'aide des figures 19 à 30 non plus seulement 14 (les dix fondamentaux et les quatre de la figure 17), mais

52 groupes différents de quatre nombres, sur les 86 possibles, disposés symétriquement par rapport aux axes, donnant la somme constante 34.

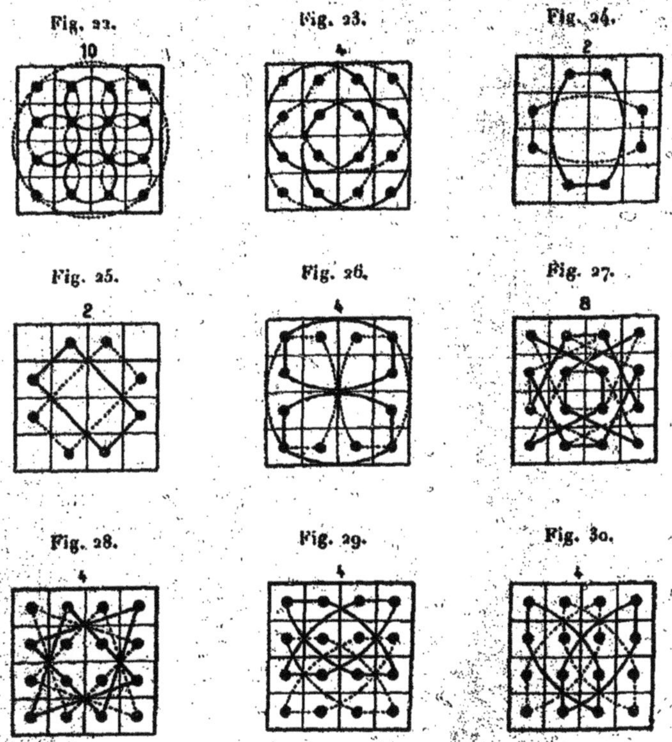

Fig. 22. Fig. 23. Fig. 24. Fig. 25. Fig. 26. Fig. 27. Fig. 28. Fig. 29. Fig. 30.

Les propriétés des groupements figures 25 et 28 déterminent par définition le *diabolisme* de la figure 18; jointes à celles fondamentales de la magie ordinaire, elles engendrent, comme il est facile de s'en rendre compte, toutes les autres particularités des diagrammes qui dérivent ainsi les uns des autres.

Nous distinguerons les carrés diaboliques en les entourant d'un double trait généralement (*carrés parfaits*), mais quelquefois en les bordant d'un double trait sur deux ou trois côtés seulement, pour certains types que nous apprendrons à reconnaître (*carrés imparfaits*).

La magie complémentaire partielle, c'est-à-dire celle résultant de cette circonstance que quelques-uns seulement des groupements, spécifiés précédemment, à sommes égales c, possibles sur la figure, s'y trouvent représentés, donne, suivant le nombre, la disposition et la symétrie plus ou moins parfaite de ces groupements complémentaires :

1° Des *carrés magiques simples à magie complémentaire* que nous indiquerons, suivant les cas, par un ou deux angles marqués d'un double trait et d'un indice, faisant ressortir ainsi l'orientation, la symétrie, le nombre des groupements singuliers, cause des propriétés spéciales de la figure.

Fig. 31.

1 1

16	3	10	5
1	12	7	14
8	13	2	11
9	6	15	4

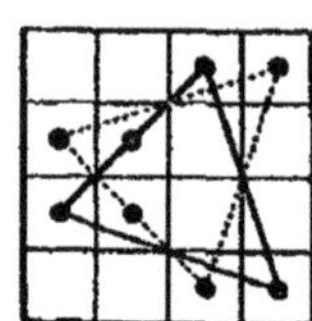

Fig. 32.

Fig. 33.

4

19	21	3	10	12
25	2	9	11	18
1	8	15	17	24
7	14	16	23	5
13	20	22	4	6

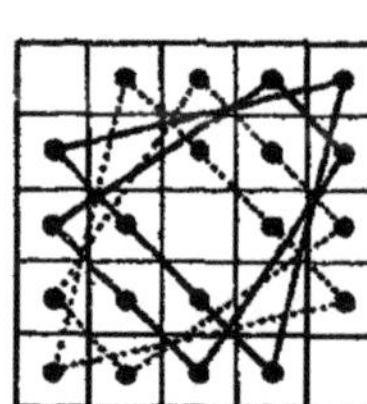

Fig. 34.

Tels ceux des figures 31 et 33 dont les particularités intéressantes sont mises en évidence par les diagrammes figures 32 et 34.

Fig. 35.

2 1

18	9	2	25	11
6	22	20	13	4
5	16	14	7	23
24	15	8	1	17
12	3	21	19	10

Fig. 36.

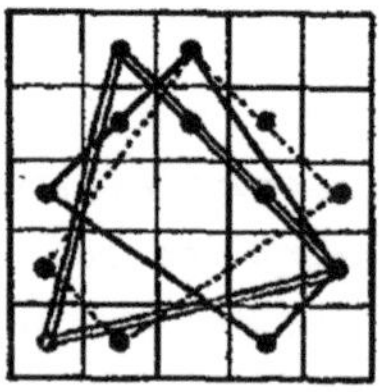

Aussi ceux des figures 35 et 37 dont les diagrammes figures 36 et 38 indiquent la magie complémentaire.

Enfin celui de la figure 39 et son tableau parlant figure 40 qui réunit d'ailleurs toutes les conditions du *diabolisme* tel que nous l'avons défini, puisque tous les nombres groupés sur les différentes lignes complémentaires, parallèles aux diagonales, reproduisent, par leur somme, la constante 175 du carré.

Fig. 37.

23	1	33	20	7	27
25	15	8	31	21	11
12	35	16	6	29	13
14	10	30	17	4	36
34	24	5	28	18	2
3	26	19	9	32	22

Fig. 38.

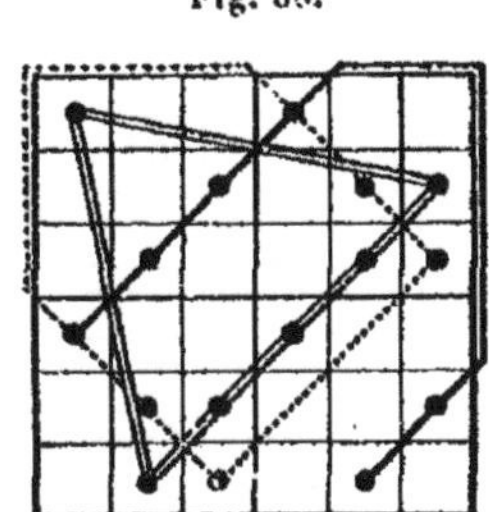

Afin de conserver le plus possible les notations habituelles nous l'avons distingué comme nous ferons pour tous ceux de son espèce : *carrés diaboliques imparfaits* (ceux de racine impaire qui ne sont pas en même temps *semi-diaboliques,* terme que nous allons définir) en l'entourant d'un double trait sur trois côtés seulement. Il aurait dû porter, d'après notre classification, les signes qui figurent en même temps et que nous n'ajouterons plus en pareil cas.

Fig. 39.

6	39	23	14	47	31	15
24	8	48	32	16	7	40
49	33	17	1	41	25	9
18	2	42	26	10	43	34
36	27	11	44	35	19	3
12	45	29	20	4	37	28
30	21	5	38	22	13	46

Fig. 40.

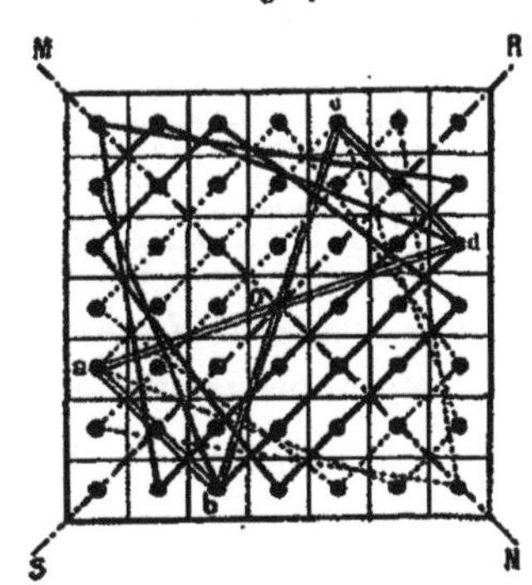

Mêmes propriétés des lignes complémentaires par rapport à l'axe MN, sauf pour le groupement *abocd* qui n'a pas son correspondant.

2° Des *carrés semi-diaboliques* que nous diviserons en deux classes :

a. Carrés semi-diaboliques à magie complémentaire simple indiqués dans nos figures par quatre angles redoublés comme celui de la figure 41 dans lequel on observe exclusivement les groupements complémentaires,

Fig. 41.

21	3	19	10	12
2	9	25	11	18
20	22	13	4	6
8	15	1	17	24
14	16	7	23	5

Fig. 42.

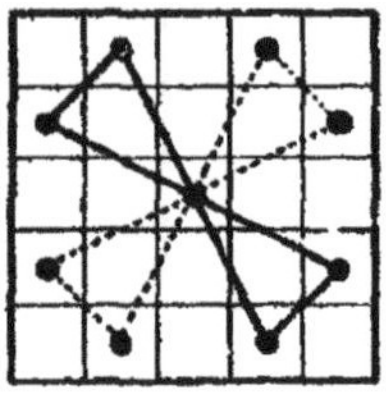

à axe de symétrie rectangulaire (*fig.* 42), formés (avec l'aide du nombre placé dans la case centrale pour les racines impaires) par deux lignes égales de cases, et celui des figures 43 et 44.

Fig. 43.

16	33	5	15	35	7
9	20	25	11	19	27
32	1	21	31	3	23
13	36	8	14	34	6
12	17	28	10	18	26
29	4	24	30	2	22

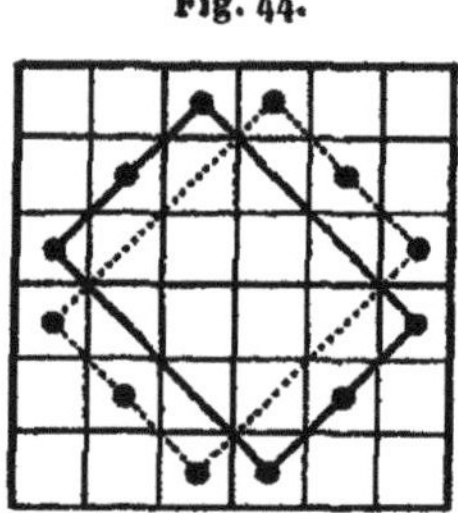
Fig. 44.

b. Carrés semi-diaboliques à magie complémentaire multiple que nous indiquerons par quatre angles redoublés d'abord, comme les précédents, mais avec des indices aux angles, comme il a été dit pour les carrés simples à magie complémentaire.

Fig. 45.

4

17	24	1	8	15
23	5	7	14	16
4	6	13	20	22
10	12	19	21	3
11	18	25	2	9

Fig. 46.

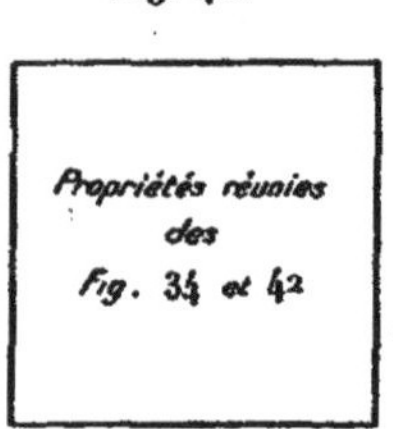

Tels ceux des figures 45, 47 et leurs tableaux parlants (*fig.* 46 et 48).

Fig. 47.

8	58	59	5	4	62	63	1
49	15	14	52	53	11	10	56
41	23	22	44	45	19	18	48
32	34	35	29	28	38	39	25
40	26	27	37	36	30	31	33
17	47	46	20	21	43	42	24
9	55	54	12	13	51	50	16
64	2	3	61	60	6	7	57

Fig. 48.

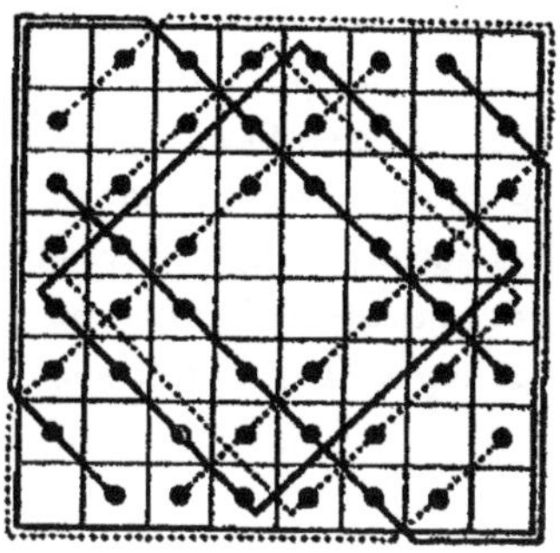

Enfin celui de la figure 49 à symétrie moins parfaite (*fig.* 50).

Fig. 49.

11	27	13	8	33	19
25	23	3	31	20	9
24	1	26	21	7	32
2	36	22	5	30	16
34	14	12	28	17	6
15	10	35	18	4	29

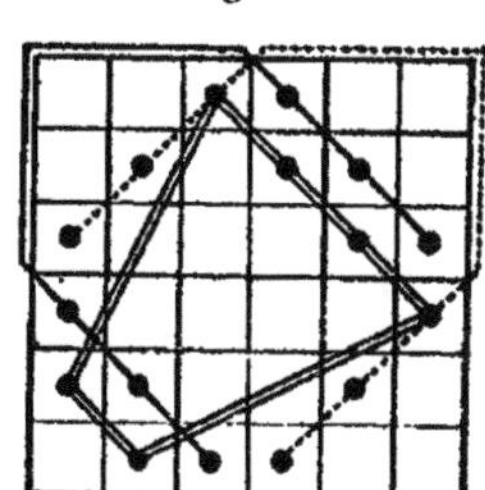

Fig. 50.

L'expression de *carré magique simple* est réservée à ceux qui ne présentent aucune des propriétés de la magie complémentaire, telle que nous l'avons précisée.

Exemple : le carré de 4 de la figure 16.

La classification que nous venons d'établir repose, comme nous l'avons spécifié, sur l'observation de quelques-uns en particulier, des groupements de n nombres possibles sur la figure (*éléments disposés sur des couples de lignes parallèles aux diagonales, un au centre parfois, pour les racines impaires*) représentant quelques-unes seulement des diverses combinaisons $C_{n^2}^{n}$, dont les éléments produisent la somme constante c.

Cette limitation nécessaire, étant donné la difficulté de distinguer, de désigner clairement toutes les positions géométriques de n éléments sur la figure et de les classer, est regrettable en ce sens qu'elle laisse précisément dans l'ombre une grande partie des groupements singuliers C_n^n, à somme constante, indépendants, alors qu'ils contribuent tous, sans exception, à donner à la magie du carré sa véritable physionomie.

Elle a l'avantage, toutefois, de gagner en clarté ce qu'elle perd en précision et d'être suffisante pour permettre l'étude d'un grand nombre de propriétés des carrés magiques, en général.

Nous aurons soin, à l'occasion, de signaler la disposition particulière de groupements différents de ceux considérés d'ordinaire, donnant à certains types des propriétés spéciales.

DEUXIÈME PARTIE.

PROPRIÉTÉS DES CARRÉS MAGIQUES.

CHAPITRE I.

PROPRIÉTÉS ARITHMÉTIQUES ET ALGÉBRIQUES.

Relations entre les éléments d'un carré magique. — Règle pour le carré de 3. — Opérations possibles sur les carrés. — Résultats de ces opérations. — Transformations de certains types par déplacement des multiples de la racine. — Traductions algébriques des propriétés des figures magiques sur l'échiquier. — Données diverses.

La recherche des conditions que doivent remplir n^2 nombres entiers pour pouvoir être disposés en carré magique de racine n conduit à reconnaître, d'une façon générale, de nombreuses solutions au problème.

Ces conditions sont satisfaites, en particulier, lorsque les n^2 nombres, de grandeur absolue quelconque, égaux ou inégaux, d'ailleurs positifs ou négatifs, appartiennent à une même progression arithmétique ou à un système de progressions arithmétiques de même raison, d'un même nombre de termes, ceux de même rang formant encore entre eux une progression arithmétique. Dans ce dernier cas, le nombre de systèmes de progressions possibles dépend de la grandeur, de la nature et, en particulier, des sous-multiples de la racine et de leurs différents produits.

Ainsi, pour former un carré magique avec 36 nombres, il suffit, par exemple, que ces nombres appartiennent à 1 seule, 2, 3, 6, 12 ou 18 progressions arithmétiques remplissant les conditions requises.

Les carrés magiques des figures 51 à 56 correspondent successivement aux groupes suivants de 36 nombres :

1° Une seule progression (*fig.* 51) :

1, 2, 3,..., 36.

2° Deux progressions (*fig.* 52) :

1, 2, 3,..., 18; 20, 21, 22,..., 37;
20 — 1 = 21 — 2 = 22 — 3 = ...

Fig. 51.

C=111

1	12	24	13	30	31
35	8	17	23	26	2
4	27	15	21	10	34
33	28	16	22	9	3
32	11	20	14	29	5
6	25	19	18	7	36

Fig. 52.

C=114

1	12	25	13	31	32
36	8	17	24	27	2
4	28	15	22	10	35
34	29	16	23	9	3
33	11	21	14	30	5
6	26	20	18	7	37

Fig. 53.

C=117

1	12	25	14	32	33
37	8	18	24	28	2
4	29	16	22	10	36
35	30	17	23	9	3
34	11	21	15	31	5
6	27	20	19	7	38

3° Trois progressions (*fig.* 53) :

1, 2, 3,..., 12; 14, 15, 16,..., 25; 27, 28, 29,..., 38;
1, 14, 27 progression arithmétique de raison 13.

4° Six progressions (*fig.* 54) :

1, 2, 3,..., 6; 8, 9, 10,..., 13; 15, 16, 17,..., 20;
22, 23, 24,..., 27; 29, 30, 31,..., 34; 36, 37, 38,..., 41;
1, 8, 15,..., 36 progression arithmétique de raison 7.

Fig. 54.

C=126

1	13	27	15	34	36
40	9	19	26	30	2
4	31	17	24	11	39
38	32	18	25	10	3
37	12	23	16	33	5
6	29	22	20	8	41

Fig 55.

C=144

1	15	31	17	39	41
46	10	22	30	34	2
5	35	19	27	13	45
43	37	21	29	11	3
42	14	26	18	38	6
7	33	25	23	9	47

Fig. 56.

C=162

1	17	35	19	44	46
52	11	25	34	38	2
5	40	22	31	14	50
49	41	23	32	13	4
47	16	29	20	43	7
8	37	28	26	10	53

5° Douze progressions (*fig.* 55) :

1, 2, 3; 5, 6, 7; 9, 10, 11; ...; 45, 46, 47;
1, 5, 9,..., 45 progression arithmétique de raison 4.

6° Dix-huit progressions (*fig.* 56):

1, 2; 4, 5; 7, 8; 10, 11; ...; 52, 53;
1, 4, 7,..., 52 progression arithmétique de raison 3.

En remarquant que la progression unique n'est qu'un cas particulier des systèmes possibles de progressions, puisqu'elle équivaut à n groupements réduits à un seul terme, on voit que n étant premier il n'y a qu'une forme possible de ce genre.

En particulier pour $n = 3$ on peut énoncer la règle suivante qui se démontre directement (Lucas, *Tablettes du Chercheur*, 1891).

Neuf nombres ne peuvent former un carré magique que s'ils appartiennent à 3 progressions arithmétiques de même raison dont les termes correspondants sont encore en progression arithmétique, ou, ce qui revient au même, *dont le premier terme de l'une d'elles soit égal à la demi-somme des premiers termes des deux autres.*

Toutefois les n^2 nombres d'un carré magique peuvent avoir entre eux des liens moins évidents, tels ceux du carré de 6 de la figure 57 formé avec les éléments suivants, dont 3 répétés deux fois :

1, 2, 3, 4, 5, 6, 7, 7, 9, 11, 12, 12, 13, 15, 16, 17, 21, 22, 23, 24, 24, 25, 26, 28, 29, 30, 32, 34, 35, 36, 37, 39, 54, 56, 62, 63.

Fig. 57.

C=140

37	12	24	13	30	24
35	1	17	23	62	2
4	63	15	21	3	34
26	28	16	22	9	39
32	11	56	7	29	5
6	25	12	54	7	36

Nous ne nous occuperons, d'ordinaire, que des carrés construits avec la progression naturelle des nombres entiers consécutifs pour lesquels la constante, déterminée par la somme de tous les éléments divisée par la racine, est égale à

$$\frac{n^2(n^2+1)}{2n} = n\frac{(1+n^2)}{2}.$$

Les propriétés que nous allons énoncer vont d'ailleurs faire comprendre qu'ils sont, en réalité, les générateurs de tous les autres.

On peut évidemment, sur tout carré magique, effectuer les opérations suivantes sans altérer la magie :

1° *Augmenter ou diminuer tous les éléments d'une même quantité;*

Comme conséquence introduire un ou plusieurs termes nuls, des éléments négatifs, faire même la constante nulle, ce qui est sans inconvénients;

2° *Multiplier ou diviser tous les éléments par une même quantité;*

3° D'une façon générale, *faire sur un carré magique toutes les opérations ayant comme effet final d'augmenter ou de diminuer les lignes, colonnes et diagonales simultanément de la même quantité.*

Ainsi modifier, dans le même sens, en plus ou en moins, n nombres sur n^2, à condition qu'ils soient choisis un sur chaque ligne, colonne et diagonale.

Modifier x séries de n nombres, par des opérations du même genre dans chaque série et différentes de l'une à l'autre si l'on veut, à condition toujours que les n éléments modifiés par série soient pris un sur chaque ligne, colonne et diagonale.

Par exemple, le carré magique de la figure 57 ($c = 140$) n'est autre que celui de la figure 51 ($c = 111$) dans lequel les nombres des cases n°s 1, 11, 14, 24, 27, 34 ont été augmentés de 36 tandis que ceux des cases n°s 6, 8, 17, 19, 28, 33 ont été diminués de 7, ce qui a eu pour effet d'augmenter la constante primitive 111 de la différence $36 - 7 = 29$.

De même le carré de la figure 12 ($c = 90$) donne celui de la figure 45 ($c = 65$) en réduisant d'abord tous les éléments de 4 et de 5, ensuite les nombres placés dans les cases n°s 1, 9, 12, 20, 23 du carré magique intermédiaire.

4° On peut aussi, en vertu de la règle générale, énoncée précédemment, *additionner ou retrancher l'un de l'autre les termes correspondants de deux carrés magiques de même racine.*

Parmi toutes les opérations qui ne détruisent pas la magie d'un carré donné, les unes conduisent à la construction de carrés de même racine mais à éléments différents, les autres, plus intéressantes, donnent de nouvelles dispositions, en carré magique, des mêmes éléments conservés.

Si l'on remplace, par exemple, dans le carré diabolique de la figure 58 tous les nombres par leur complément à 17, on obtient le nouveau carré diabolique de la figure 59.

Cette méthode générale pour tous les carrés dont les éléments sont complémentaires 2 à 2, c'est-à-dire tels que ces éléments

$$x,\ x_1,\ x_2,\ \ldots,\ x_{n^2-2},\ x_{n^2-1},\ x_{n^2}$$

étant rangés par ordre de grandeur

$$x + x_{n^2} = x_1 + x_{n^2-1} = x_2 + x_{n^2-2} = \ldots,$$

Fig. 58.

15	6	9	4
10	3	16	5
8	13	2	11
1	12	7	14

Fig. 59.

2	11	8	13
7	14	1	12
9	4	15	6
16	5	10	3

ne donne cependant pas toujours des carrés différents dans le sens que nous préciserons bientôt; il est facile de le reconnaître dans chaque cas particulier.

Voici une transformation qui conserve les mêmes éléments et permet d'obtenir, sur certains types de racine n (construits avec les $1, 2, 3, \ldots, n^2$ premiers nombres), $n-1$ nouveaux carrés différents.

Ces types sont ceux dans lesquels les n nombres, multiples de la racine

$$n,\quad 2n,\quad 3n,\quad \ldots,\quad (n-1)n,\quad n^2,$$

se trouvent précisément placés : un seulement sur chaque ligne, colonne et diagonale.

En les diminuant tous de la quantité $(n-1)$ tandis que tous les autres nombres sont augmentés de l'unité il est facile de se rendre compte :

1° *Que tous les éléments sont conservés :* n^2-n nombres, dont le plus grand (n^2-1), restent, après avoir été augmentés de 1, dans les limites de la progression $1, 2, 3, \ldots, n^2$.

Les n nombres $n, 2n, 3n, \ldots, n^2$ sont reconstitués par ceux, augmentés de 1, de la série

$$(n-1),\quad (2n-1),\quad \ldots,\quad (n^2-1),$$

tandis que leurs remplaçants

$$1, \quad (n+1), \quad (2n+1), \quad \ldots, \quad [(n-1)n+1]$$

ont repris, dans la suite naturelle d'origine, les anciennes places des mêmes nombres qui s'y trouvaient et que l'augmentation d'une unité a fait passer respectivement aux rangs suivants.

2° *Que d'ailleurs la résultante des diverses opérations, faites sur les éléments, par ligne, colonne et diagonale est nulle* et que, par conséquent, le nouveau carré magique conserve la même constante.

En répétant successivement les mêmes opérations $(n-1)$ fois on obtient par cette méthode, que nous appellerons *méthode par déplacement des multiples de la racine*, $(n-1)$ nouveaux carrés, différents les uns des autres et du carré primitif convenablement choisi (une $n^{\text{ième}}$ transformation ramène au carré d'origine).

Nous en donnons deux applications aux figures 60 et 64 (celui de la figure 45) dans lesquelles les multiples de la racine sont mis en évidence.

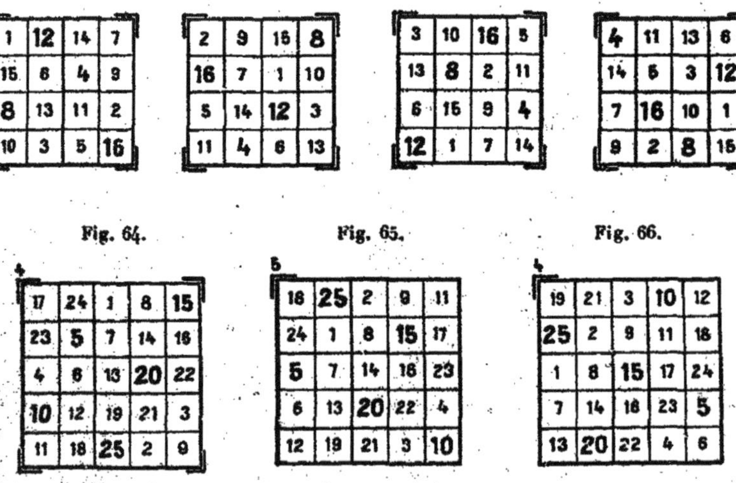

Fig. 60. Fig. 61. Fig. 62. Fig. 63.

Fig. 64. Fig. 65. Fig. 66.

On peut traduire algébriquement les propriétés de l'échiquier garni de nombres convenables en vue d'un effet de magie déterminé.

Pour tout *carré semi-magique*, en particulier, on obtient immédiatement $2n$ égalités relatives aux lignes et aux colonnes, auxquelles s'ajoute celle relative à la somme des nombres ; mais deux d'entre elles sont évidemment la conséquence des autres. Il s'ensuit que pour tout carré semi-magique il n'existe que $2n-1$ égalités indépendantes.

Fig. 67.

20	22	4	6	13
21	3	10	12	19
2	9	11	18	25
8	15	17	24	1
14	16	23	5	7

Fig. 68.

16	23	5	7	14
22	4	6	13	20
3	10	12	19	21
9	11	18	25	2
15	17	24	1	8

Pour les *carrés magiques simples*, les conditions relatives aux diagonales fournissent deux nouvelles égalités, ce qui porte leur nombre à $(2n+1)$.

Enfin, pour les *carrés magiques à magie complémentaire*, ces égalités se trouvent augmentées de celles, en nombre plus ou moins grand, traduisant les propriétés de ces figures spéciales. Mais, comme ces propriétés se déduisent en partie les unes des autres, il y a lieu de distinguer seulement, parmi les égalités qui les expriment, celles réellement indépendantes.

Dans chaque cas, un examen spécial en fixera le nombre.

Pour $n=4$, en particulier, on a :

9 égalités indépendantes pour le *carré simple*.
10 » *semi-diabolique* (d'un seul type pour cette racine).
12 » *carré diabolique*.

Les diverses combinaisons algébriques auxquelles se prêtent les égalités indépendantes relatives à un carré de racine n fournissent d'autres relations exprimant toutes les propriétés caractéristiques complémentaires de la figure.

Les unes et les autres, convenablement interprétées, permettent, avec le concours des propriétés générales relatives aux nombres, de préciser les règles de sa construction.

Une première interprétation évidente des égalités montre que pour n pair les quartiers opposés des carrés magiques sont égaux ; en les représentant par A, B, A', B' (*fig.* 69), on a

$$A + B = B' + A' = A + B' = B + A' = C \times \frac{n}{2}.$$

Fig. 69.

A	B
B'	A'

D'où l'on tire

$$A = A' \quad \text{et} \quad B = B'.$$

Il est facile de démontrer, en particulier :

1° Que dans les carrés semi-diaboliques et diaboliques de 4 tous les quartiers sont égaux entre eux : à 34 pour ceux construits avec les 1, 2, 3, ..., 16 premiers nombres;

2° Qu'un carré de 5, avec les 1, 2, 3, ..., 25 premiers nombres, ne peut être semi-diabolique que si le nombre moyen 13 occupe la case centrale;

3° Que pour n impairement pair : 6, 10, 14, ..., les carrés diaboliques, qui devraient avoir les quartiers égaux, sont impossibles parce que cette condition ne peut être remplie ; la somme $n^2\left(\frac{n^2+1}{2}\right)$ des 1, 2, 3, ..., n^2 premiers nombres n'étant pas, dans ce cas, divisible par 4.

Indiquons enfin, entre autres déductions arithmétiques et algébriques (d'après Lucas), que, si n est un nombre impair composé, les carrés diaboliques ne sont possibles que, si n ne contient pas le facteur 3.

Cet auteur, ainsi que nous l'avons dit, a déduit de ses *Principes de la géométrie du tissage* une théorie remarquable des carrés diaboliques, ceux-ci résultant de la disposition *par alignements*, sur un échiquier de n^2 cases, des n^2 nombres d'une *Table d'addition*.

Notons que Fermat a fait, le premier, l'application des propriétés de la théorie des permutations des lignes et des colonnes d'une *Table d'addition* à la construction des carrés magiques.

CHAPITRE II.

PROPRIÉTÉS GÉOMÉTRIQUES.

Propriétés communes à tous les carrés: Rotation et symétrie. — Échange des quartiers opposés. — Permutatirns des rangées symétriques. — Transformations par équivalences simples ou composées. — Propriétés spéciales aux différents types: Ruptures diverses; simple, carrée, rectangulaire, en croix. — Méthode de transformation par rotation et symétrie combinées des quartiers. — Distinction des diaboliques.

Rotation et symétrie.

Tout carré magique peut s'écrire de huit manières différentes :

1° De quatre par rotations successives autour du centre de figure, d'un quart de tour chacune, comme l'indiquent les figures 70 à 73.

Fig. 70.

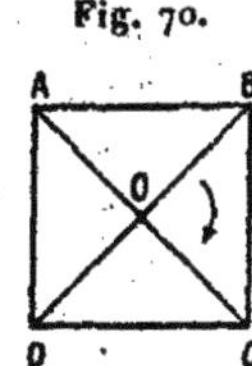

Fig. 71.

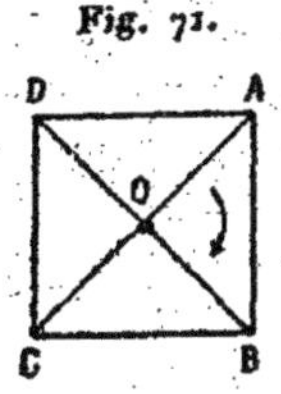

Fig. 72.

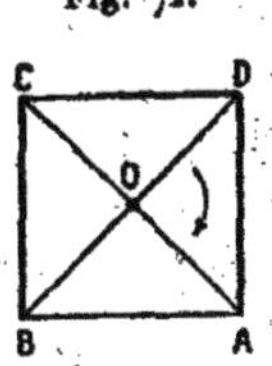

Fig. 73.

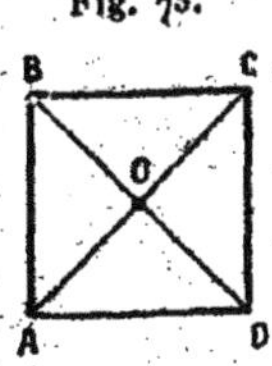

2° De quatre autres, par symétrie (*fig.* 74 à 77), ce qui revient à lire les précédents par transparence.

Fig. 74.

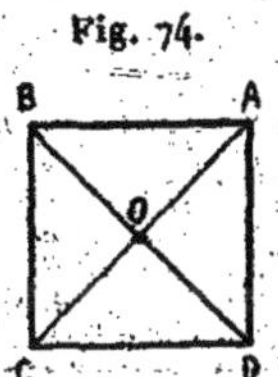

Fig. 75.

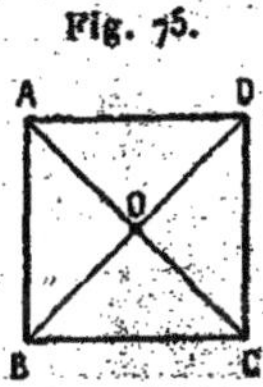

Fig. 76.

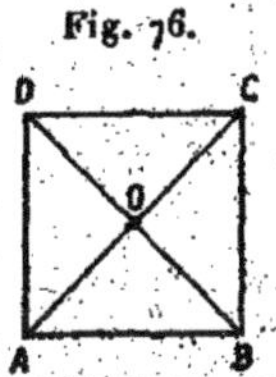

Fig. 77.

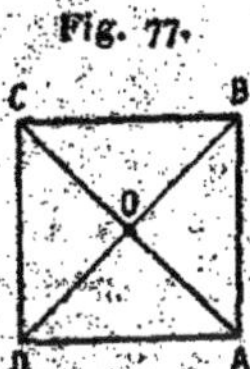

Mais ces positions différentes ne constituent pas autant de solutions particulières, étant donné qu'on ne considère comme telles que celles dont les éléments occupent des positions relatives différentes, ce qui n'est pas le cas dans les figures qui précèdent où toutes les lignes, colonnes et diagonales se remplacent simplement « en bloc » sans changement de composition.

Elles n'ont d'intérêt que pour varier les quartiers ou carrés composants de certaines figures et obtenir ainsi un plus grand nombre de variantes des carrés à construire (*méthode par rotation et symétrie combinées des quartiers, méthode du carré guide*, etc.); enfin pour les *carrés à bordures* dont nous parlerons plus loin.

1. — Transformations communes a tous les carrés.

Échange des quartiers opposés.

Les quartiers tels que nous les avons définis sont, pour les *carrés pairs* (*fig.* 69), les quatre tronçons égaux deux à deux découpés par les lignes médianes.

Dans ces carrés *on peut échanger simultanément sans les tourner les quartiers opposés.*

Cette transformation n'altère pas la magie ainsi qu'il est facile de s'en rendre compte par l'examen des figures 78 et 79, dans lesquelles toutes les rangées possèdent, par tronçons, la même composition, mais se trouvent placées dans un ordre différent.

Fig. 78.

Fig. 79.

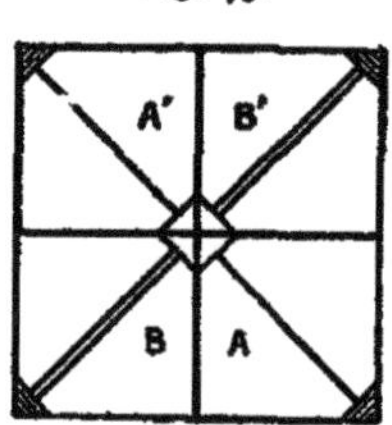

Dans les *carrés impairs*, les quartiers, semblablement placés, laissent entre eux une croix formée par les cases situées sur les lignes médianes.

On peut aussi y *échanger simultanément, sans les tourner, les quartiers opposés mais avec les fragments opposés des deux rangées médianes.*

On peut faire sur les figures 80 et 81 les mêmes constatations que précédemment.

Fig. 80.

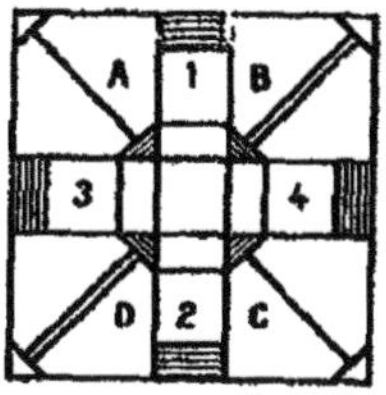

Fig. 81.

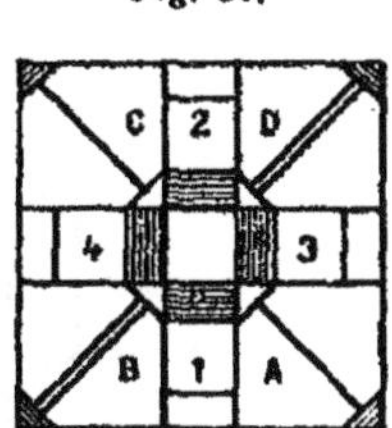

Le carré de 3 est le seul qui ne puisse ainsi donner un nouveau carré, mais, pour tous les autres, quelle que soit la racine, on obtient, à l'aide de ces transformations, des carrés différents de ceux que donneraient la rotation et la symétrie du carré primitif.

Permutation des rangées symétriques.

Tout carré reste magique *si l'on échange simultanément deux lignes et deux colonnes également distantes du centre.*

Il est facile de vérifier sur les figures 82, 83 que, d'une part, les lignes

Fig. 82.

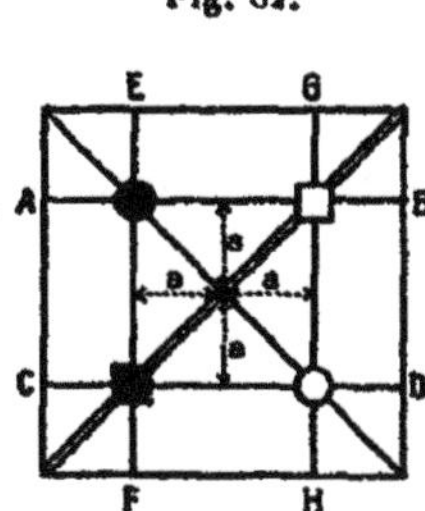

Fig. 83.

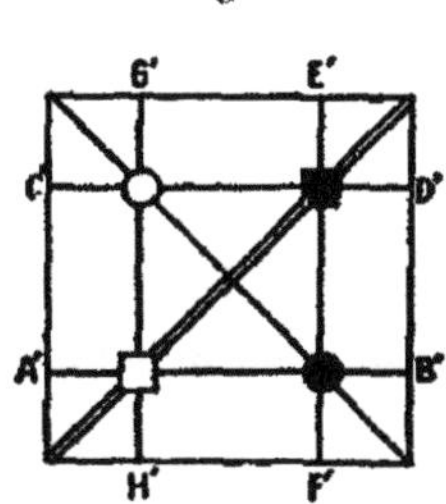

et colonnes déplacées, d'autre part, les diagonales, sur lesquelles deux nombres se sont remplacés l'un par l'autre, conservent la même valeur.

Le nombre de variantes qu'on peut obtenir avec toutes les transformations de ce genre dépend évidemment de la grandeur et de la nature de la racine.

Pour le préciser, remarquons d'abord que, dans tout carré de racine n, les lignes et les colonnes étant numérotées comme sur la figure schématique 84 :

Fig. 84.

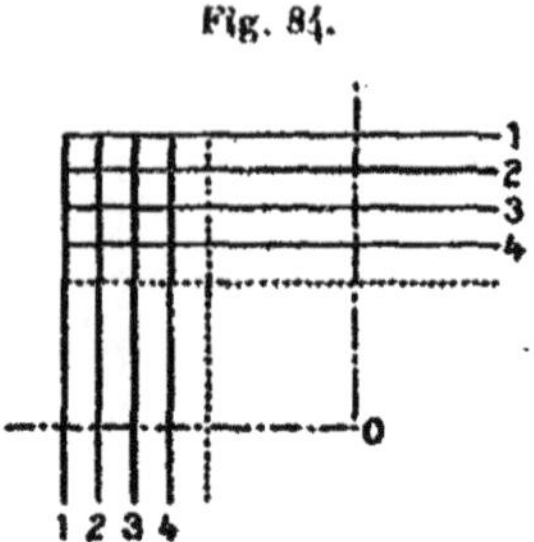

Il est possible d'opérer sur $\frac{n}{2}$ groupes de rangées symétriques si n est pair *et sur* $\frac{n-1}{2}$ seulement pour n impair, savoir :

1° Par des transformations simples n'affectant qu'un groupe seulement ;

2° Par des transformations combinées affectant, à la fois, 1, 2, 3, ..., x groupes.

Le total de toutes celles possibles que nous représenterons par $\Sigma C_x^{0,1,2,\dots,x}$ (en y comprenant le carré d'origine) est donné par la formule

$$(1) \qquad \Sigma C_x^{0,1,2,\dots,x} = C_x^0 + C_x^1 + C_x^2 + \dots + C_x^x,$$

x, comme nous l'avons dit, étant égal à $\frac{n}{2}$ pour les carrés pairs et à $\frac{n-1}{2}$ pour les carrés impairs.

A l'aide de la relation connue

$$C_m^n = C_{m-1}^n + C_{m-1}^{n-1},$$

appliquée successivement à tous les éléments du second membre de (1) on obtient

$$\Sigma C_x^{0,1,2,\dots,x} = 2\Sigma C_{(x-1)}^{0,1,2,\dots,(x-1)}.$$

D'où il suit

$$\Sigma C_x^{0,1,2,\dots,x} = 2^2\Sigma C_{x-2}^{0,1,2,\dots,(x-2)} = \dots = 2^x.$$

Formule qu'on peut d'ailleurs vérifier directement sur le *Triangle de*

Pascal dans lequel la somme des nombres d'une ligne horizontale de rang n équivaut précisément à 2^n.

Mais on observe que les divers carrés obtenus sont semblables deux à deux (positions de rotation et de symétrie), chaque combinaison reproduisant le même effet que celle de notation complémentaire facile à préciser, ce qui ramène en définitive le nombre de variantes réellement différentes, en y comprenant le carré d'origine, à $\frac{2^x}{2} = 2^{(x-1)}$, c'est-à-dire à

$$2^{\frac{n-2}{2}} \text{ pour } n \text{ pair,}$$

$$2^{\frac{n-3}{2}} \text{ pour } n \text{ impair.}$$

Si $n = 4$ on obtient $2^1 = 2$ variantes, c'est-à-dire une seule différente du carré donné;

Pour $n = 5$, une seule encore;

Pour $n = 6$, trois nouvelles;

Pour $n = 7$, trois nouvelles;

Pour $n = 10$, quinze nouvelles; etc.

En appliquant cette transformation, après l'échange des quartiers, on obtient autant de nouveaux carrés.

Pour le carré simple de 4 par exemple, l'application successive des deux méthodes produit trois autres carrés magiques.

Transformations par équivalences simples ou composées.

Les transformations de ce genre, générales, en ce sens qu'elles s'appliquent à des carrés de toutes racines, ne trouvent cependant leur application que dans les figures, très fréquentes d'ailleurs, dont les éléments se prêtent à certains groupements équivalents.

Par exemple, si dans deux rangées quelconques L, L' (*fig.* 85) les sommes de 1, 2, 3, ... éléments, n'appartenant pas aux diagonales, situés sur les mêmes colonnes C, C', C'', sont égales entre elles, comme

$$a + b + c = a' + b' + c',$$

on peut déplacer, d'une rangée à l'autre, les éléments correspondants et obtenir par *équivalence simple* un carré magique différent du premier (*fig.* 86).

On peut, en opérant successivement sur divers groupes d'éléments jouissant entre eux de propriétés semblables, obtenir par *équivalences composées* de nouvelles variantes, en nombre plus ou moins grand, sui-

Fig. 85.

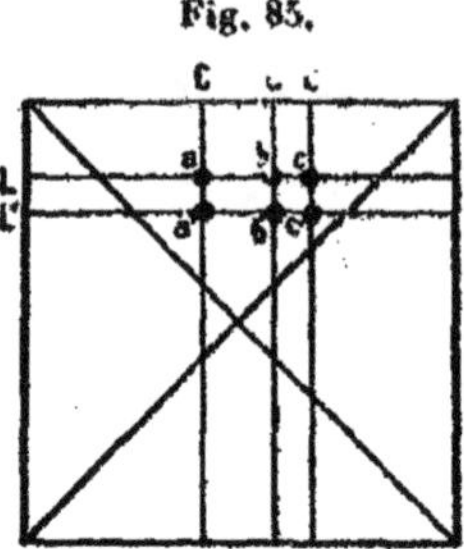

Fig. 86.

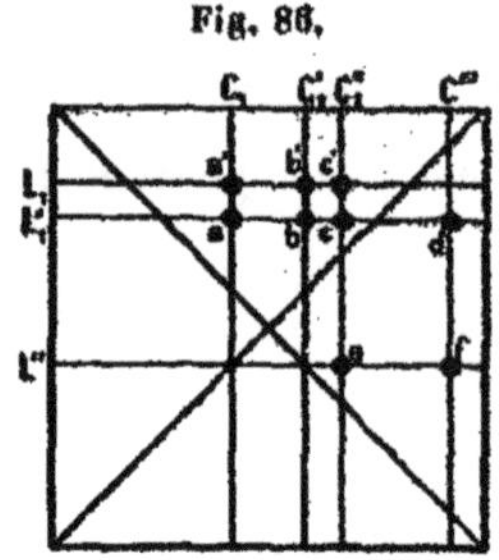

vant la composition du carré primitif. Remarquons que, dans certains cas, les opérations successives pourront intéresser plusieurs fois les mêmes éléments. Ainsi, après avoir tiré le carré figure 86 du carré figure 85 au moyen de la transformation par équivalence simple que nous avons décrite, s'il se trouve que la somme des éléments $c + d$ de la ligne L'_1 égale celle des éléments $e + f$ de la ligne L'' situés sur les colonnes correspondantes C''_1, C''', on pourra de même substituer e et f à c et d, produisant ainsi un nouveau carré magique.

Supposons maintenant qu'un ou plus généralement plusieurs éléments de ceux à mettre en jeu se trouvent situés sur les diagonales ; leur échange, d'une rangée à l'autre, qui ne produit aucune modification dans la valeur des colonnes et des lignes, aura pour effet de transformer le carré en carré semi-magique : les diagonales se trouvant modifiées en plus ou en moins d'une certaine quantité.

Mais une autre transformation par équivalence ayant comme conséquence de provoquer, sur les diagonales, les mêmes variations de valeur, en sens contraire, pourra ramener le carré semi-magique à la magie complète sous une forme nouvelle.

Quelquefois ce résultat ne sera obtenu qu'après un grand nombre d'opérations dont l'ensemble constitue ce que nous avons dénommé une *transformation par équivalence composée*.

Sur la figure 87, par exemple, dans laquelle nous supposerons

$$A + B = C + D, \qquad E + F = G + H,$$

mais aussi

$$D - B = F - H,$$

on pourra, sans inconvénient, mettre respectivement A et B à la place de C et D en même temps que E et F à la place de G et H ; la diagonale

Fig. 87.

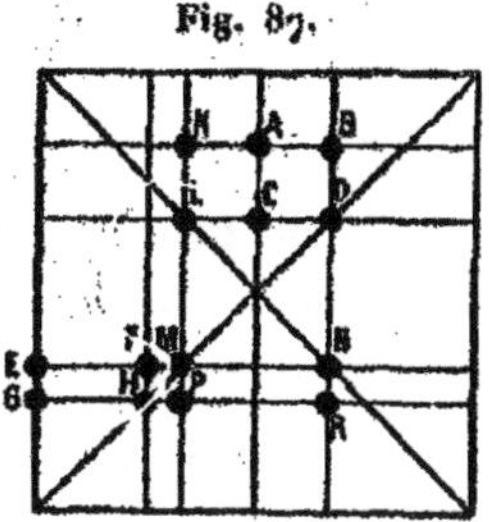

intéressée ne changeant pas de valeur puisque

$$F + B = D + H,$$

ou encore

$$B + D + N + R \quad \text{étant égal à} \quad K + L + M + P,$$

substituer ces divers éléments les uns aux autres, si la condition

$$D + M = L + N$$

est également remplie.

Il pourra se faire qu'on puisse ainsi déplacer par ce procédé des lignes ou des colonnes entières ; mais, dans ce cas, il y aura lieu de distinguer les variantes réellement différentes du carré originel.

Dans le carré de 4 de la figure 7 on peut, pour des raisons de ce genre, en particulier, écrire indifféremment les lignes et les colonnes dans l'ordre

1.2.3.4 ou 1.3.2.4 ou 4.2.3.1

(les carrés résultants se reproduisent deux à deux de cette façon par rotation et symétrie).

Fig. 88.

4	15	6	9
1	12	7	14
16	5	10	3
13	2	11	8

Fig. 89.

15	4	6	9
12	1	7	14
5	16	10	3
2	13	11	8

On peut également obtenir le carré (*fig.* 89) par permutation des deux premières colonnes du précédent (*fig.* 88), opération rendue possible par suite de l'égalité des petites diagonales, dans les deux quartiers de gauche.

Dans le carré de 5 (*fig.* 33), les colonnes peuvent se placer dans l'ordre

1, 4, 3, 2, 5.

Dans celui de 8 de la figure 47 on peut, entre autres transformations du même genre, échanger les nombres 59, 14, 22, 35 de la troisième colonne avec ceux : 58, 15, 23, 34 de la deuxième, attendu que

$$59 + 14 + 22 + 35 = 58 + 15 + 23 + 34$$

et que la substitution de 14 et 23 à 15 et 22 sur la première diagonale ne modifie pas la valeur de celle-ci :

$$14 + 23 = 15 + 22.$$

Ces exemples suffisent pour faire comprendre combien cette méthode de transformation est féconde en résultats complètement différents les uns des autres, représentant autant de variantes du carré primitif.

2. — Propriétés spéciales aux différents types.

Carrés semi-magiques.

Ces figures offrent, par elles-mêmes, peu d'intérêt, mais elles peuvent cependant, dans beaucoup de cas, se transformer facilement en carrés magiques et être utilisées à cet effet.

Rappelons l'exemple que nous en avons donné précédemment (*fig.* 15 et 16) par permutations de nombres.

Sur d'autres types on obtiendra parfois la magie complète de plusieurs manières, par des permutations ou changements de rangées entières.

Ainsi le carré semi-magique de la figure 90 reproduira le carré magique de la figure 65, si l'on écrit les colonnes dans l'ordre

5, 1, 2, 3, 4

et celui de la figure 66, les lignes étant placées de même

On pourrait multiplier les exemples par application à ces figures de la méthode générale des *équivalences* que nous avons décrite.

Donnons encore le suivant sur le carré semi-magique de la figure 92, dernière étape des dispositions successives des 1, 2, 3, 4, ..., 121 premiers nombres déplacés sur l'échiquier en vue d'obtenir la solution du

Fig. 90.

C=65 90

25	2	9	11	18
1	8	15	17	24
7	14	16	23	5
13	20	22	4	6
19	21	3	10	12

problème suivant :

Un carré magique. — Il s'agit de placer dans les 121 carrés du carré (fig. 91) les nombres de 1 à 121, de telle sorte que le total soit le même dans toutes les colonnes verticales, lignes horizontales et grandes diagonales.

Fig. 91.

					1					
			59							
							100			
	8									
				72						
								113		
						50				
68										
										103
		46								
									29	

Les nombres déjà inscrits dans un certain nombre de cases ne devront pas bouger. (*Le Monde Moderne*, novembre 1905.)

Une des nombreuses solutions possibles (*fig.* 93) a été obtenue par les dernières transformations suivantes sur le carré intermédiaire semi-magique (*fig.* 92).

Un élément de la $n^{ième}$ colonne et de la $m^{ième}$ ligne étant figuré par E^n_m,

1° Échanges simultanés $\begin{cases} E^3_{11} + E^4_{11} = E^3_4 + E^4_4 \\ E^8_{11} + E^{11}_{11} = E^8_2 + E^{11}_2 \end{cases}$

corrigeant la première diagonale

2° Échanges simultanés $\begin{cases} E^4_8 + E^5_8 = E^4_7 + E^5_7 \\ E^{10}_3 + E^{11}_3 = E^{10}_1 + E^{11}_1 \end{cases}$

corrigeant la deuxième diagonale.

Fig. 92.

C=671 — 706 — 597

31	81	94	107	120	1	14	27	40	90	66
80	93	106	59	11	13	26	99	52	65	67
43	105	118	10	12	25	38	100	64	77	79
104	8	82	22	24	37	86	63	76	78	91
116	117	58	23	72	49	62	3	88	53	30
7	20	9	35	48	61	74	87	113	102	115
55	44	34	95	60	73	50	39	101	114	6
68	32	70	119	36	85	98	51	89	5	18
92	45	33	71	84	97	110	15	4	17	103
19	57	46	47	96	109	111	75	28	41	42
56	69	21	83	108	121	2	112	16	29	54

Fig. 93.

C=671

31	81	94	107	120	1	14	27	40	77	79
80	93	106	59	11	13	26	112	52	65	54
43	105	118	10	12	25	38	100	64	90	66
104	8	21	83	24	37	86	63	76	78	91
116	117	58	23	72	49	62	3	88	53	30
7	20	9	35	48	61	74	87	113	102	115
55	44	34	119	36	73	50	39	101	114	6
68	32	70	95	60	85	98	51	89	5	18
92	45	33	71	84	97	110	15	4	17	103
19	57	46	47	96	109	111	75	28	41	42
56	69	82	22	108	121	2	99	16	29	67

Carrés magiques simples.

Ces figures ne possèdent d'ordinaire que les propriétés générales, celles que nous avons étudiées communes à tous les carrés. Disons toutefois que, parmi elles, on pourra distinguer parfois, surtout et plus facilement dans les basses racines, des types, toujours carrés simples de notre classification, mais jouissant de propriétés spéciales par suite d'une disposition particulière des éléments.

Les carrés magiques simples diffèrent surtout, entre eux, sous le rapport du nombre d'opérations par équivalences simples ou composées que chaque type peut permettre; ils se prêtent, avec des facilités plus ou moins grandes, à la construction des variantes de la même racine.

Carrés magiques simples à magie complémentaire.

Nous avons vu que la magie complémentaire de ces figures est plus ou moins complexe, les groupements singuliers qui la produisent se trouvant tantôt tous répartis par couples symétriques par rapport aux axes droits ou diagonaux de la figure (*fig.* 31-33); tantôt, quelques-uns seulement, par couples symétriques, en même temps que d'autres irrégulièrement placés, n'ayant pas de correspondants symétriques (*fig.* 35 et 39).

Il peut se produire, de la sorte, un grand nombre de combinaisons, auxquelles répondent des propriétés géométriques particulières : le carré de la figure 37 montre, par exemple, trois groupements complémentaires à éléments orientés dans le sens des diagonales mais sans axe de symétrie.

Lorsque, par complément de magie, la constante est donnée par deux groupes de *n* nombres, symétriques par rapport à l'un des axes droits de la figure, les nombres étant répartis, dans chaque groupe, sur deux lignes de cases parallèles aux diagonales, on peut *rompre le carré en deux parties inégales, laissant intactes les lignes de cases complémentaires, et obtenir un nouveau carré magique par un assemblage inverse des deux tronçons.*

Ainsi le carré de la figure 31 peut se rompre verticalement en deux parties inégales : celle de gauche comprenant trois colonnes, celle de droite une seule; leur nouvel assemblage donnant le carré du même genre (*fig.* 94).

Fig. 94.

1 1

5	16	3	10
14	1	12	7
11	8	13	2
4	9	6	15

Fig. 95.

2 1

24	15	8	1	17
12	3	21	19	10
18	9	2	25	11
6	22	20	13	4
5	16	14	7	23

Le carré magique de la figure 35 donne celui du même genre (*fig.* 95) après rupture horizontale et assemblage des deux fragments comprenant, celui du haut : deux, celui du bas : trois lignes.

Nous venons ainsi de pratiquer la *méthode de transformation par rupture simple*.

L'expression générale de cette opération est *rupture* (rs), r et s indiquant le nombre de lignes ou de colonnes de chacun des deux tronçons $(r + s = n)$.

Définissons maintenant divers modes de *rupture composée* que nous allons pouvoir appliquer, en particulier, à beaucoup de carrés magiques de cette famille.

La *rupture carrée* consiste à faire successivement, sur un carré, deux ruptures perpendiculaires, d'égale importance, c'est-à-dire déplaçant chaque fois le même nombre de colonnes d'abord et de lignes ensuite ou inversement (*fig.* 96, 97, 98).

Fig. 96. Fig. 97. 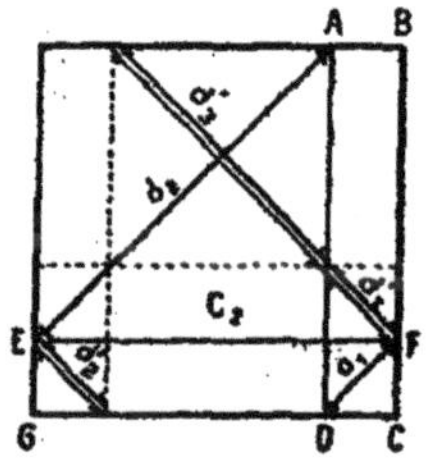 Fig. 98.

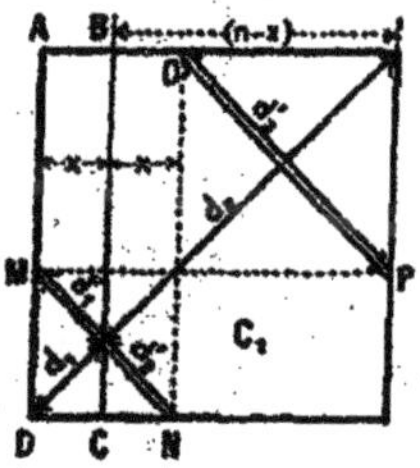

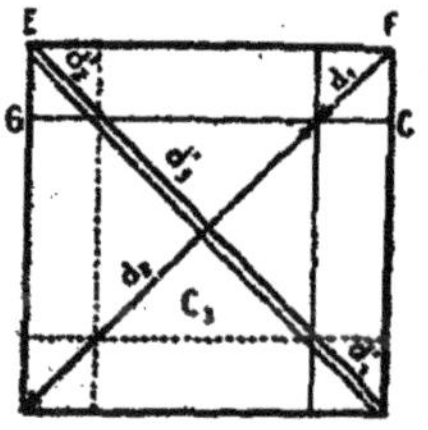

On voit que dans une transformation de ce genre (qui pourrait d'ailleurs être orientée de diverses façons autour de la figure) les diagonales du carré final C_3 (cas de racine impaire) sont constituées :

La première, par les fragments d'_1, d'_2 d'une part, d'_3 d'autre part de deux lignes de cases MN et OP du carré primitif, complémentaires en ce sens qu'elles contiennent ensemble n cases.

La deuxième, par les fragments d_1, d_2 de celle correspondante du carré C_1, de sorte que celle-ci n'a pas changé de valeur.

On peut vérifier aisément qu'une *rupture carrée* d'amplitude x donne le même résultat que celle convenable d'amplitude $(n - x)$; nous l'indiquerons par le signe $\square_x$, dans lequel l'indice sera toujours placé à l'angle de croisement des deux tronçons successivement transportés, les traits intérieurs précisant celles des colonnes et des lignes qui participent à la transformation.

Nous saurons que $\square_x = {}^{(n-x)}\square$.

Lorsque, par complément de magie, la somme des nombres placés précisément sur deux lignes de cases complémentaires OP, MN est égale à la constante, la *rupture carrée*, convenablement pratiquée, produit un nouveau carré magique dans lequel les nombres du groupement singulier du carré originel se trouvent répartis sur la diagonale modifiée.

Le carré de la figure 34 (le même que celui figure 66), par exemple, donne, par les ruptures carrées $\square_1$, $\square_2$, $\square_3$, $\square_4$, les carrés magiques des figures 67, 68, 64, 65, qui se déduisent d'ailleurs les uns des autres par ruptures carrées successives $\square_1$, car, ainsi qu'on peut le vérifier sur le carré originel,

$$\square_2 = {}^2\square_1, \quad \square_3 = {}^3\square_1, \quad \ldots.$$

Une cinquième rupture carrée reproduirait le carré primitif (*dans cet exemple, la rupture carrée apparaît comme une traduction géométrique de la méthode par déplacement des multiples de la racine* que nous avons décrite).

Le carré de la figure 35, avec lequel nous avons déjà obtenu celui de la figure 95 par rupture simple, donne encore les carrés magiques figures 99 et 100 par les ruptures carrées $\square_1$ et ${}_1\square$ et celui de la figure 101 par $\square_3 = {}^2\square$.

Fig. 99.

3	21	19	10	12
9	2	25	11	18
22	20	13	4	6
16	14	7	23	5
15	8	1	17	24

Fig. 100.

10	12	3	21	19
11	18	9	2	25
4	6	22	20	13
23	5	16	14	7
17	24	15	8	1

Fig. 101.

7	23	5	16	14
1	17	24	15	8
19	10	12	3	21
25	11	18	9	2
13	4	6	22	20

Le carré de la figure 37, enfin, donne celui de la figure 102 par ${}_1\square$ et celui de la figure 103 par $\square^2$.

La *rupture rectangulaire* consiste à faire successivement deux ruptures perpendiculaires simples avec assemblage intermédiaire et final,

Fig. 102.

22	3	26	19	9	32
27	23	1	33	20	7
11	25	15	8	31	21
13	12	35	16	6	29
36	14	10	30	17	4
2	34	24	5	28	18

Fig. 103.

16	6	29	13	12	35
30	17	4	36	14	10
5	28	18	2	34	24
19	9	32	22	3	26
33	20	7	27	23	1
8	31	21	11	25	15

mais en déplaçant, chaque fois, un nombre différent de rangées. Nous la représenterons par le signe ${}_{(x-y)}\square$, x et y indiquant les nombres de rangées rompues à chaque opération.

Du carré magique figure 37 nous avons ainsi tiré les deux carrés figures 104 et 105 par les transformations respectives ${}_{(1-4)}\square$ et ${}^{(1-2)}\square$.

Fig. 104.

13	12	35	16	6	29
36	14	10	30	17	4
2	34	24	5	28	18
22	3	26	19	9	32
27	23	1	33	20	7
11	25	15	8	31	21

Fig. 105.

19	9	32	22	3	26
33	20	7	27	23	1
8	31	21	11	25	15
16	6	29	13	12	35
30	17	4	36	14	10
5	28	18	2	34	24

La *rupture en croix* consiste à faire successivement deux ruptures perpendiculaires déplaçant chaque fois le même nombre de rangées médianes de la figure. Une transformation de ce genre sera représentée par le signe $\square^{x}$, qui signifie que x colonnes médianes ont été portées de gauche à droite, après quoi x lignes médianes ont été déplacées de haut en bas.

Le carré magique figure 106 a été ainsi déduit du carré de la figure 37 par la transformation :

Fig. 106.

23	1	7	27	33	20
25	15	21	11	8	31
34	24	18	2	5	28
3	26	32	22	19	9
12	35	29	13	16	6
14	10	4	36	30	17

Les différents modes de rupture, simple ou composée, que nous venons de passer en revue ne sont pas applicables à tous les carrés magiques à magie complémentaire indistinctement, car ils correspondent, chacun pour leur compte, à des propriétés définies des lignes complémentaires, parallèles aux diagonales, que nous avons observées.

Si la racine du carré est *impaire*, une des deux lignes complémentaires comprend toujours un nombre pair de cases; on pourra donc toujours pratiquer des ruptures carrées, en nombre plus ou moins grand, suivant la valeur de n et le degré de magie complémentaire.

En outre, comme nous l'avons vu, obtenir dans beaucoup de cas, s'il existe des couples de groupements symétriques, des variantes par ruptures simples d'une ou de plusieurs rangées.

Si la racine est *paire*, il y a plusieurs cas à distinguer, suivant la nature des lignes complémentaires.

1° Deux nombres pairs de cases : possibilité de deux ruptures carrées par groupement de ce genre et quelquefois de ruptures en croix si les deux lignes complémentaires contiennent l'une $\frac{n}{3}$, l'autre $2\frac{n}{3}$ cases.

2° Deux nombres impairs de cases : possibilité de ruptures rectangulaires s'il existe, en même temps, plusieurs groupements propices.

En outre, dans l'une et l'autre hypothèse, on pourra pratiquer, si les groupes sont disposés favorablement, des ruptures simples en nombre plus ou moins grand.

Ces méthodes de transformation par rupture simple, rupture carrée, rupture rectangulaire, rupture en croix, permettent d'obtenir, ainsi qu'on a pu s'en rendre compte par les exemples qui précèdent, de nombreuses variantes de carrés de toutes racines, paires et impaires, en partant des types simples à magie complémentaire, surtout si on les combine entre elles et avec celles antérieurement décrites et qui leur sont également applicables : échange des quartiers opposés, permutations des rangées symétriques, etc.

Indiquons encore une autre méthode de transformation applicable d'abord à certains types de cette famille dans lesquels, par complément de magie, deux lignes de cases, égales entre elles, parallèles aux diagonales, contiennent chacune $\frac{n}{2}$ nombres dans ceux de racine paire, $\frac{n-1}{2}$ dans ceux de racine impaire, donnant ensemble, avec le nombre de la case centrale dans ce dernier cas, une somme égale à la constante (*demi-condition du semi-diabolisme*).

On peut alors faire subir aux quartiers les opérations indiquées schématiquement par les figures 107, 108, 109.

Fig. 107.

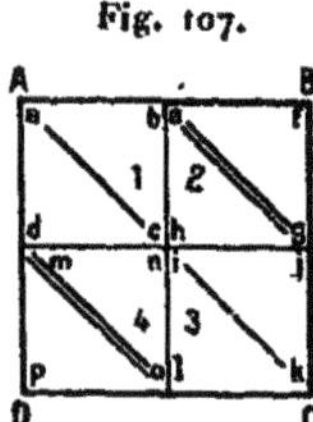

Fig. 108.

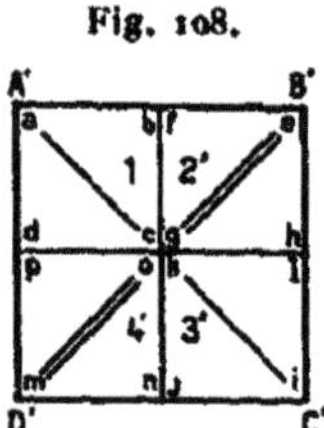

Fig. 109.

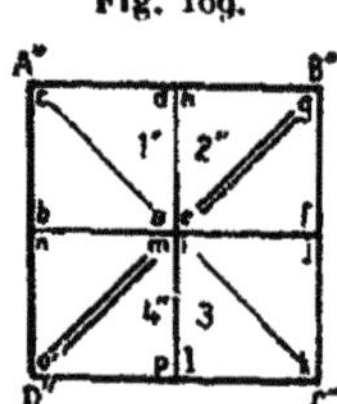

Le carré A'B'C'D' se compose des quatre quartiers du primitif ABCD, qui ont subi :

Quartier 3 : deux rotations successives de 90° = 3'.

Quartiers 2 et 4 : des retournements simples (positions symétriques) = 2', 4'.

Quartier 1, conservant seul sa position.

Dans le carré A"B"C"D", autre variante, le quartier 3 est seul resté dans sa position primitive ; les autres ont subi des opérations du même genre que précédemment.

On peut observer que les premières diagonales ont été conservées et que les deuxièmes se composent précisément des nombres primitivement écrits sur les deux lignes complémentaires égales de ABCD.

Pour les carrés impairs, l'opération doit se compléter par le retournement des deux fragments convenables de rangées médianes, ainsi qu'il est indiqué figures 110, 111, 112.

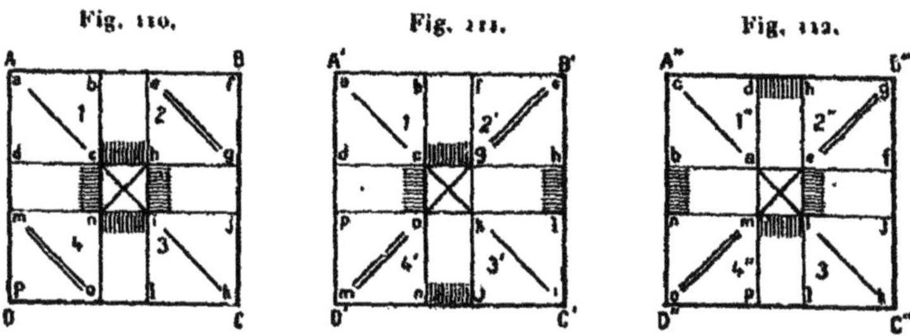

Fig. 110. Fig. 111. Fig. 112.

C'est par application de cette méthode, que nous avons qualifiée de *méthode de transformation par rotation et symétrie combinées des quartiers*, que nous avons obtenu : les carrés des figures 113 et 114 avec celui de la figure 37, qui nous a déjà donné tant de variantes intéressantes ; ceux des figures 115 et 116 d'après celui de la figure 39 (carré diabolique imparfait).

Fig. 113.

1 1

23	1	33	27	7	20
25	15	8	11	21	31
12	35	16	13	29	6
3	26	19	22	32	9
34	24	5	2	18	28
14	10	30	36	4	17

Fig. 114.

1 1

16	35	12	6	29	13
8	15	25	31	21	11
33	1	23	20	7	27
30	10	14	17	4	36
5	24	34	28	18	2
19	26	3	9	32	22

Fig. 115.

4 3

6	39	23	14	15	31	47
24	8	48	32	40	7	16
49	33	17	1	9	25	41
18	2	42	26	34	43	10
30	21	5	38	46	13	22
12	45	29	20	28	37	4
36	27	11	44	3	19	35

Fig. 116.

2 3

17	33	49	1	41	25	9
48	8	24	32	16	7	40
23	39	6	14	47	31	15
42	2	18	26	10	43	34
11	27	36	44	35	19	3
29	45	12	20	4	37	28
5	21	30	38	22	13	46

Nous arrêterons là l'étude des propriétés géométriques des carrés simples à magie complémentaire, bien qu'il soit possible de relever encore, sur certains types de cette famille, des particularités de nature à faciliter la construction des figures magiques en général.

Nous allons voir que les méthodes décrites, à leur sujet, vont s'adapter aux types des deux familles suivantes.

Carrés semi-diaboliques.

a. Magie complémentaire simple. — Comme ces figures présentent, par définition, non plus un seul, mais deux groupes, alors symétriques par rapport aux axes droits (comprenant chacun deux lignes égales de cases, parallèles aux diagonales; complémentaires deux à deux dans les carrés pairs, avec l'aide du nombre de la case centrale dans les carrés impairs), nous allons pouvoir leur appliquer plus complètement, en outre des méthodes générales, quelques-unes de celles que nous venons de décrire et en déduire de nombreuses variantes, en particulier par ruptures simples et par rotation et symétrie combinées des quartiers.

Par ruptures simples, possibles alors par fragments de deux quartiers adjacents, c'est-à-dire de $\frac{n}{2}$ ou $\frac{n-1}{2}$ rangées, on obtient immédiatement trois nouvelles variantes du carré donné.

Les figures schématiques 117, 118, 119, 120 montrent ainsi les transformations successives d'un carré semi-diabolique de racine paire :

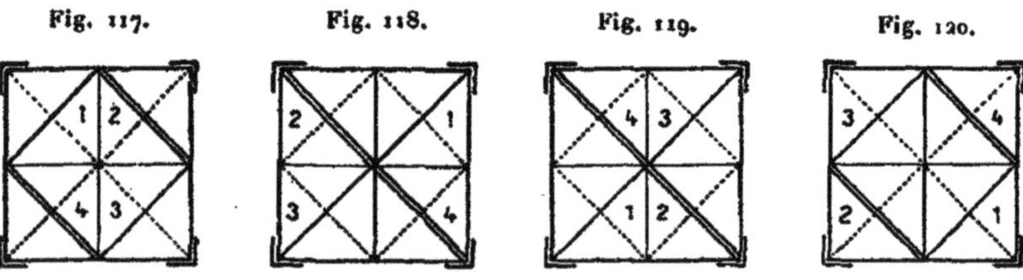

Les figures 121, 122, 123, 124, celles d'un carré semi-diabolique impair dont les bras de la croix intérieure participent alternativement (par déplacement sans retournement) aux modifications de la figure.

On peut observer que la figure 120 d'une part, la figure 124 d'autre part sont celles qu'on obtient directement par la règle générale de l'échange des quartiers opposés.

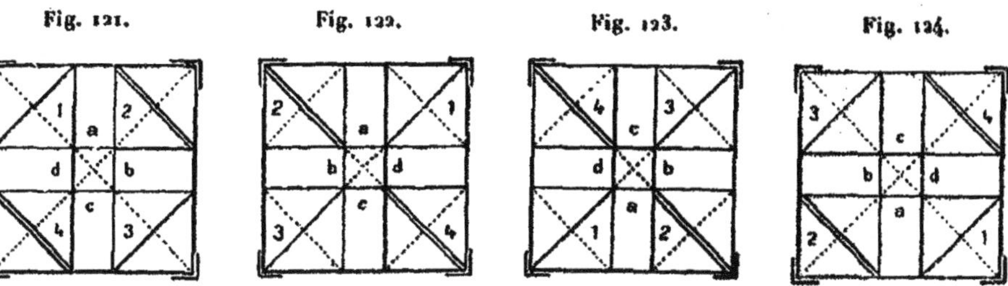

Fig. 121. Fig. 122. Fig. 123. Fig. 124.

Les carrés magiques figures 125, 126, 45, résultent ainsi de celui de la figure 41.

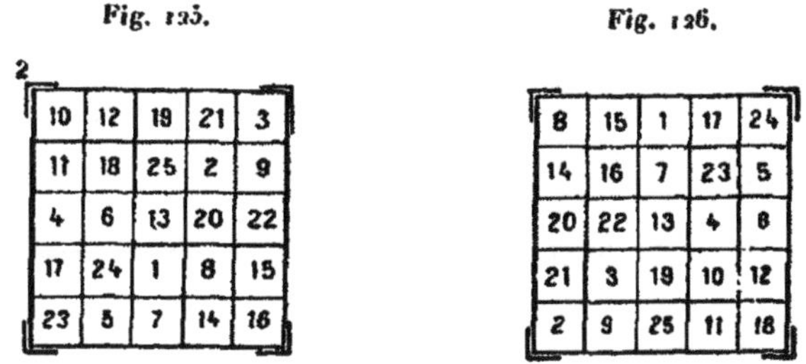

Fig. 125.

2

10	12	19	21	3
11	18	25	2	9
4	6	13	20	22
17	24	1	8	15
23	5	7	14	16

Fig. 126.

8	15	1	17	24
14	16	7	23	5
20	22	13	4	6
21	3	19	10	12
2	9	25	11	18

Et les carrés figures 127, 128, 129, de celui de la figure 43.

Fig. 127.

15	35	7	16	33	5
11	19	27	9	20	25
31	3	23	32	1	21
14	34	6	13	36	8
10	18	26	12	17	28
30	2	22	29	4	24

Fig. 128.

13	36	8	14	34	6
12	17	28	10	18	26
29	4	24	30	2	22
16	33	5	15	35	7
9	20	25	11	19	27
32	1	21	31	3	23

Fig. 129.

16	33	5	15	35	7
9	20	25	11	19	27
32	1	21	31	3	23
13	36	8	14	34	6
12	17	28	10	18	26
29	4	24	30	2	22

Par rotation et symétrie combinées des quartiers on obtient encore quatre nouvelles variantes de la figure 41, représentées par les figures

130, 131, 132, 133 et quatre également de la figure 43, représentées par les figures 134, 135, 136, 137.

Fig. 130.

2

21	3	19	12	10
2	9	25	18	11
20	22	13	6	4
14	16	7	5	23
8	15	1	24	17

Fig. 131.

2

9	2	25	11	18
3	21	19	10	12
22	20	13	4	6
15	8	1	17	24
16	14	7	23	5

Fig. 132.

2 1

3	21	19	10	12
9	2	25	11	18
22	20	13	4	6
16	14	7	23	5
15	8	1	17	24

Fig. 133.

2 1

2	9	25	18	11
21	3	19	12	10
20	22	13	6	4
8	15	1	24	17
14	16	7	5	23

Fig. 134.

16	33	5	7	35	15
9	20	25	27	19	11
32	1	21	23	3	31
29	4	24	22	2	30
12	17	28	26	18	10
13	36	8	6	34	14

Fig. 135.

21	1	32	31	3	23
25	20	9	11	19	27
5	33	16	15	35	7
8	36	13	14	34	6
28	17	12	10	18	26
24	4	29	30	2	22

Fig. 136.

5	33	16	15	35	7
25	20	9	11	19	27
21	1	32	31	3	23
24	4	29	30	2	22
28	17	12	10	18	26
8	36	13	14	34	6

Fig. 137.

32	1	21	23	3	31
9	20	25	27	19	11
16	33	5	7	35	15
13	36	8	6	34	14
12	17	28	26	18	10
29	4	24	22	2	30

b. Magie complémentaire multiple. — Ceux-ci pouvant réunir aux propriétés des carrés précédents celles relatives à la magie complémentaire des carrés simples, combinées de différentes manières, il s'ensuit que toutes les méthodes de transformation que nous avons décrites leur sont applicables, aussi les variantes qu'ils permettent d'obtenir sont-elles très nombreuses.

Le carré de la figure 49, par exemple, donne entre autres : Les carrés figures 138, 139 par *ruptures simples*, 140 par *échange des quartiers*

Fig. 138.

8	33	19	11	27	13
31	20	9	25	23	3
21	7	32	24	1	26
5	30	16	2	36	22
28	17	6	34	14	12
18	4	29	15	10	35

Fig. 139.

2	36	22	5	30	16
34	14	12	28	17	6
15	10	35	18	4	29
11	27	13	8	33	19
25	23	3	31	20	9
24	1	26	21	7	32

Fig. 140.

5	30	16	2	36	22
28	17	6	34	14	12
18	4	29	15	10	35
8	33	19	11	27	13
31	20	9	25	23	3
21	7	32	24	1	26

Fig. 141.

11	27	13	19	33	8
25	23	3	9	20	31
24	1	26	32	7	21
15	10	35	29	4	18
34	14	12	6	17	28
2	36	22	16	30	5

Fig. 142.

26	1	24	21	7	32
3	23	25	31	20	9
13	27	11	8	33	19
22	36	2	5	30	16
12	14	34	28	17	6
35	10	15	18	4	29

Fig. 143.

13	27	11	8	33	19
3	23	25	31	20	9
26	1	24	21	7	32
35	10	15	18	4	29
12	14	34	28	17	6
22	36	2	5	30	16

Fig. 144.

24	1	26	32	7	21
25	23	3	9	20	31
11	27	13	19	33	8
2	36	22	16	30	5
34	14	12	6	17	28
15	10	35	29	4	18

Fig. 145.

10	35	18	4	29	15
27	13	8	33	19	11
23	3	31	20	9	25
1	26	21	7	32	24
36	22	5	30	16	2
14	12	28	17	6	34

opposés 141, 142, 143, 144 par *rotation et symétrie combinées des quartiers* comme précédemment.

De plus, ceux des figures 145 et 146 par *ruptures carrées* [1], [2],
enfin, celui de la figure 147 par *ruptures en croix* [2].

Fig. 146.

7	32	24	1	26	21
30	16	2	36	22	5
17	6	34	14	12	28
4	29	15	10	35	18
33	19	11	27	13	8
20	9	25	23	3	31

Fig. 147.

13	8	11	27	33	19
3	31	25	23	20	9
12	28	34	14	17	6
35	18	15	10	4	29
26	21	24	1	7	32
22	5	2	36	30	16

Carrés diaboliques.

A ces carrés, les plus remarquables par suite du nombre et de la symétrie parfaite des groupements singuliers qu'ils présentent, peuvent naturellement s'appliquer aussi toutes les méthodes de transformation que nous connaissons maintenant, attendu que leur disposition résume toutes les particularités que nous avons énumérées en étudiant les carrés des familles précédentes.

Leur propriété caractéristique, conséquence des diverses observations que nous avons faites, est *de pouvoir se rompre en deux tronçons de n'importe quel nombre de rangées,* lesquels, assemblés de gauche à droite, de droite à gauche (par transport de colonnes), de haut en bas, de bas en haut (par transport de lignes), reconstituent, dans chaque cas, un nouveau carré magique.

Il s'ensuit que tout carré diabolique de racine n peut ainsi donner immédiatement n^2 variantes, réellement indépendantes, sur lesquelles on peut ensuite pratiquer la permutation des rangées symétriques, par exemple, et obtenir autant d'autres variantes que le permet la racine, sans parler de celles que peuvent donner les autres transformations dont elles sont susceptibles suivant leur nature.

Un carré diabolique de 4 peut ainsi donner $2 \times 16 = 32$ carrés.

L'application à ceux-ci des diverses méthodes de transformation permettant d'en déduire facilement un nombre considérable de variantes.

Il est possible même, dans un cycle complet d'opérations, de déduire d'un seul carré diabolique de 4 les 47 autres diaboliques et les 384 semi-diaboliques de cette racine, formant ensemble les 432 carrés α, β, γ de Frénicle.

Ainsi que nous l'avons signalé en étudiant les propriétés algébriques des carrés magiques, en général, les carrés diaboliques ne sont possibles qu'avec des racines déterminées.

La racine convenable *n* étant paire, il est facile de comprendre que le carré diabolique sera toujours, en même temps, semi-diabolique, puisque les lignes complémentaires caractéristiques de ce type se trouveront forcément dans le faisceau de celles déterminant le diabolisme.

Ces carrés sont ceux que nous appellerons *diaboliques parfaits*, entourés, sur nos figures, d'un double trait sur les quatre côtés, avec ceux de racine *n* convenable, impaire, réunissant les mêmes propriétés.

Mais, parmi ceux de racine impaire, sous le nom de *diaboliques imparfaits* nous distinguerons les diaboliques ne possédant que d'un côté seulement le caractère du semi-diabolisme, bordés, sur nos figures, d'un trait supplémentaire sur trois côtés seulement, comme celui de la figure 39 et enfin ceux exclusivement diaboliques bordés sur deux côtés seulement comme celui de la figure 148 dans lequel, par définition, tous

Fig. 148.

4	6	18	25	12
23	15	2	9	16
7	19	21	13	5
11	3	10	17	24
20	22	14	1	8

les couples de lignes complémentaires de cases, parallèles aux deux diagonales, donnent une somme égale à la constante.

CHAPITRE III.

PROPRIÉTÉS PARTICULIÈRES AUX CARRÉS MAGIQUES SINGULIERS.

Groupements indépendants, autres que ceux sur lesquels repose la classification des carrés. — Leur effet. — Méthode de transformation des carrés de 4 par enroulement ou déroulement des quartiers. — Répartition des éléments, en particulier des nombres complémentaires. — Exemples divers. — Carrés magiques centrés. — Échange spécial des quartiers dans les carrés de 4 centrés.

Toutes les propriétés géométriques que nous venons d'étudier, au chapitre précédent, relatives à chacun des types de notre classification des carrés magiques découlent précisément de l'existence, sur chacune de ces figures, des groupements spéciaux déterminant, par définition, leur attachement à telle ou telle famille.

Or nous avons déjà pris soin de faire remarquer, notamment sur le carré diabolique de 4 (*fig.* 18), qu'en outre de ceux observés il existe d'autres groupements indépendants, de n nombres, à somme constante, épars sur la figure, concourant au même titre à lui donner les propriétés spéciales et dont l'étude ne doit pas être négligée si l'on veut pénétrer plus avant le secret de sa magie totale.

D'ailleurs ces groupements supplémentaires jouissent parfois, entre eux, de rapports d'ordre et de symétrie tels qu'ils donnent lieu, pour leur compte, à des remarques analogues à celles que nous avons faites et comme conséquence permettent de transformer la figure par de nouvelles méthodes et d'en déduire des variantes différentes de celles obtenues sans leur concours.

Ainsi, grâce à ceux qu'on peut observer sur tout carré semi-diabolique et diabolique de 4, il est possible de construire un grand nombre de variantes de ces types en transportant méthodiquement sur les lignes et les colonnes les nombres groupés dans chacun des 4 quartiers développés successivement ou, par un procédé inverse, en constituant les quartiers d'un nouveau carré magique avec les éléments des lignes ou des colonnes successives du premier. Dans ce dernier cas, le carré original (*fig.* 149) donne d'abord celui (*fig.* 150) dont les quartiers 1, 2, 3, 4 correspondent respectivement aux lignes 1, 2, 3, 4 du précédent.

En répétant la même opération on obtient encore les variantes (*fig.* 151, 152), une quatrième transformation reproduisant le carré primitif.

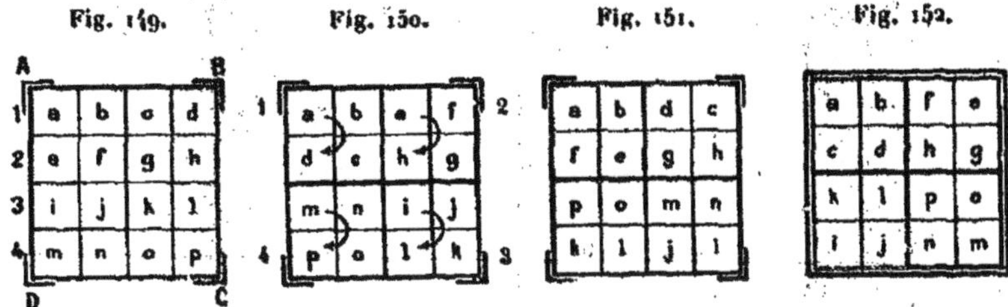

Cette *méthode de transformation par enroulement ou déroulement des quartiers,* spéciale aux carrés de 4 (diaboliques et semi-diaboliques), que nous venons de pratiquer en orientant les opérations par rapport au côté AB (*fig.* 149) peut d'ailleurs fournir d'autres variantes correspondant aux autres côtés de la figure.

Suivant BC, par exemple, on obtiendra successivement les variantes (*fig.* 153, 154, 155).

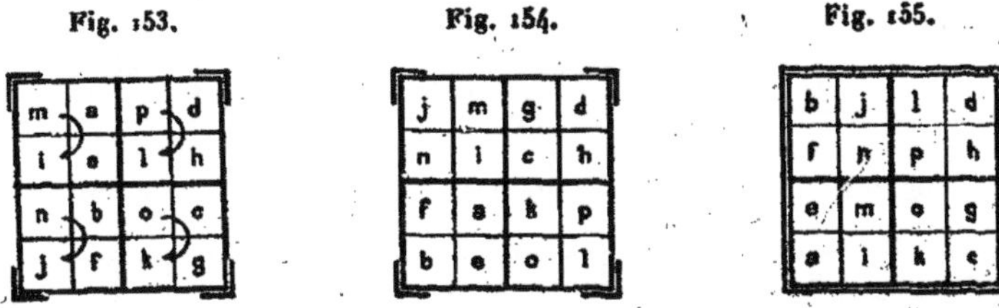

Notons que les variantes (*fig.* 152, 155) seront diaboliques si le carré générateur remplit certaines conditions (« carrés centrés » dont nous allons parler).

Il y aura lieu toutefois en opérant sur les quatre faces de bien distinguer les seules variantes réellement distinctes du carré primitif, quelques-unes se reproduisant dans les positions que donnent la rotation et la symétrie.

Pour des raisons du même genre, le carré diabolique imparfait de la figure 156 se prêtera à quelques transformations nouvelles ; il montre en effet par le tableau parlant (*fig.* 157) divers groupements singuliers de 5 éléments (en y comprenant celui du centre) lui donnant une magie remarquable.

Fig. 156.

16	4	12	25	8
15	23	6	19	2
9	17	5	13	21
3	11	24	7	20
22	10	18	1	14

Fig. 157.

Indépendamment de l'influence exercée sur la magie de la figure par la répartition de toutes les combinaisons C_{n}^{a} à somme constante c, une autre corrélative, utile à observer, peut résulter de la valeur relative des éléments dans les places qu'ils occupent, ainsi que nous l'avons déjà vu d'ailleurs à propos des transformations par équivalences simples ou composées.

Le carré simple de la figure 158, analogue à celui que nous avons déjà

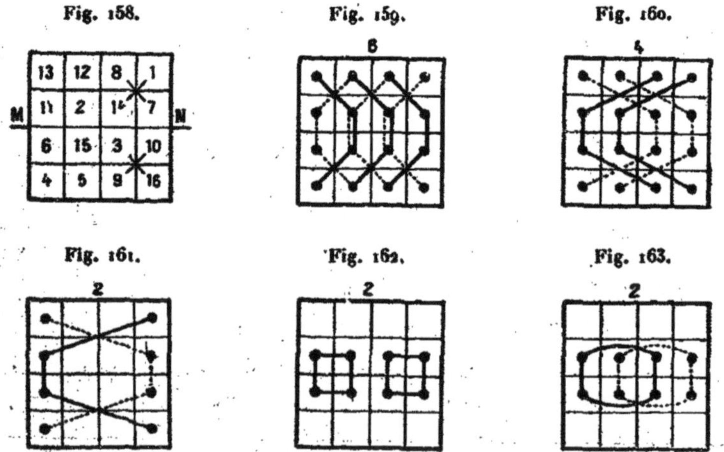
Fig. 158.

13	12	8	1
11	2	14	7
6	15	3	10
4	5	9	16

Fig. 159. Fig. 160. Fig. 161. Fig. 162. Fig. 163.

rencontré (*fig.* 88), dans lequel les petites diagonales des quartiers de droite sont égales entre elles, se distingue, d'autre part, par les groupements singuliers, dépendant les uns des autres, mis en évidence par les diagrammes (*fig.* 159 à 166).

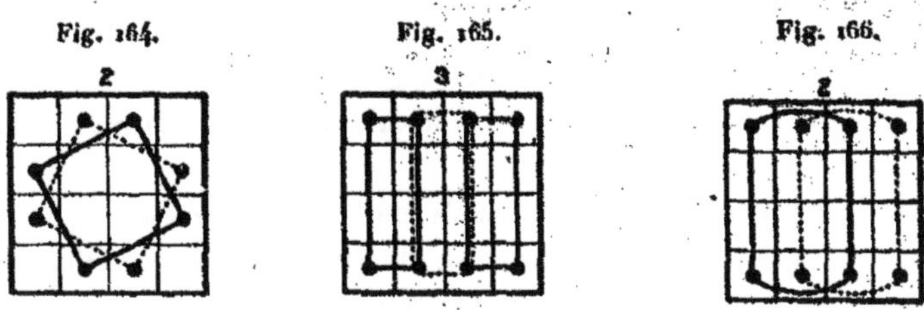

Fig. 164. Fig. 165. Fig. 166.

On peut remarquer sur ce carré que les nombres 1, 2, ..., 16 sont répartis de telle façon que ceux complémentaires occupent des positions symétriques par rapport à l'axe horizontal MN et que cette particularité est la raison même de ses propriétés spéciales.

Les nombres complémentaires, en particulier, occuperont parfois d'autres positions curieuses; ainsi, dans le carré de 8 (*fig.* 167) (M. Frolow), ils se trouvent tous, côte à côte, sur les rangées horizontales.

Fig 167.

21	44	12	53	33	32	64	1
59	6	38	27	15	50	18	47
58	7	39	26	14	51	19	46
24	41	9	56	36	29	61	4
48	17	49	16	28	37	5	60
2	63	31	34	54	11	43	22
3	62	30	35	55	10	42	23
45	20	52	13	25	40	8	57

Il pourra se faire enfin, dans certains carrés, que les nombres complémentaires se trouvent placés symétriquement par rapport au centre : ceux-ci, que nous appellerons *carrés centrés*, fournissent des exemples remarquables de l'intérêt que présente l'observation de toutes les raisons de magie d'une figure donnée.

Les particularités éventuelles propres aux carrés magiques d'une racine déterminée sont d'ailleurs en nombre tel que leur étude, même partielle, n'est pratiquement possible que pour ceux de basses racines.

De fait, chaque carré magique jouit par la disposition et la valeur de ses éléments, considérés dans leurs relations d'ordre et de grandeur, autres que celles qui déterminent la magie fondamentale, de propriétés accessoires qui lui sont propres et qui le différencient, à ce titre seul, des carrés voisins de la même famille.

Aussi, dans la construction des carrés magiques, pourra-t-on, *a priori*, et le champ sera très vaste, s'imposer de faire apparaître telle ou telle disposition dans laquelle les éléments rempliront des conditions déterminées d'avance.

Le carré simple de la figure 168 (exemple emprunté aux études de M. V. Coccoz) est la solution de ce problème :

Obtenir avec les nombres inscrits dans les 16 *cases du noyau intérieur la même somme* 333 *qu'avec ceux des* 20 *cases qui lui servent de bordure.*

Fig. 168.

19	8	16	15	28	25
27	5	23	21	6	29
18	35	12	9	20	17
1	24	22	30	32	2
10	13	34	33	14	7
36	26	4	3	11	31

Les *carrés magiques centrés* tels que nous les avons définis sont naturellement tous semi-diaboliques. Les lignes complémentaires à considérer dans ce cas se composant, sur ces figures, suivant que la racine est paire ou impaire, de $\frac{n}{2}$ nombres dans l'une et de leurs $\frac{n}{2}$ compléments dans l'autre, dont la somme égale $\frac{n}{2}(1+n^2)$, ou de $\frac{n-1}{2}$ dans l'une, $\frac{n-1}{2}$ complémentaires dans l'autre, dont la somme, en y comprenant le nombre moyen $\frac{1+n^2}{2}$ de la case centrale, égale encore

$$\frac{n-1}{2}(1+n^2)+\frac{1+n^2}{2}=\frac{n}{2}(1+n^2),$$

c'est-à-dire la constante du carré dans l'un et l'autre cas.

Disons de suite que ces figures s'obtiennent, en particulier, par les procédés graphiques que nous passerons en revue en traitant des méthodes de construction (*Méthodes expéditives*, de BACHET, etc.). Nous apprendrons alors à tirer parti de leur magie complémentaire propice à la construction de nombreuses variantes, dont certaines diaboliques si la nature de la racine le permet.

Rappelons, à leur sujet, le fameux carré d'Albert Dürer (*fig.* 5) précisément carré centré.

Dans tout carré de 4 de ce genre (il y en a 48) dont tous les quartiers sont égaux, ceux opposés présentent une disposition telle que 2 éléments consécutifs de l'un donnent la même somme que les 2 éléments correspondants de l'autre.

Il s'ensuit que : *Dans tout carré magique centré de 4 on peut échanger, sans les tourner, 2 quartiers opposés; les 2 autres restant en place.*

Ainsi le carré (*fig.* 9) n'est autre que celui de la figure 7 dans lequel le quartier 4 a pris la place du quartier 2 et réciproquement.

Une opération analogue sur les quartiers 1 et 3 donne le carré de la figure 169 duquel on tire, par ruptures simples, les variantes (*fig.* 170

Fig. 169.

11	5	14	4
2	16	7	9
8	10	1	15
13	3	12	6

Fig. 170.

8	10	1	15
13	3	12	6
11	5	14	4
2	16	7	9

Fig. 171.

14	4	11	5
7	9	2	16
1	15	8	10
12	6	13	3

et 171) différentes de celles qu'on obtient en pratiquant échange de quartiers et ruptures, comme d'ordinaire, sur le carré semi-diabolique primitif.

TROISIÈME PARTIE.

CONSTRUCTION DES CARRÉS MAGIQUES.

CHAPITRE I.

PROCÉDÉS DIVERS DE CONSTRUCTION.

De la construction des carrés magiques, en général. — Carré unique de 3. — Nombre de carrés de 4. — Diagramme des quatre N, diaboliques de 4 et de 8. — Méthode de La Hire. — Méthode de Bachet; transformation des carrés de Bachet en diaboliques et autres semi-diaboliques suivant la nature de la racine. — Méthodes dites expéditives : 1° racines impaires; 2° racines paires, $n = 4$ ou multiple de 4. — Transformation des carrés construits par les méthodes expéditives en diaboliques et autres semi-diaboliques, suivant la nature de la racine.

Les mathématiciens qui se sont occupés de la construction des carrés magiques n'ont pu résoudre le problème dans le sens général; il n'existe donc encore aucune méthode qui permette d'écrire successivement, avec ordre, toutes les variantes possibles d'un carré de racine donnée. La Hire, cependant, a trouvé une méthode fort simple, qualifiée parfois de générale, bien qu'elle ne le soit pas au sens absolu, qui permet, en réalité, la construction d'un grand nombre de solutions du problème, quelles que soient la nature et la grandeur de la racine.

D'autres auteurs qui se sont attachés spécialement à l'étude des carrés de certaines racines, entre autres Bachet de Méziriac, Rallier des Ourmes, etc., ont imaginé, en outre de certaines méthodes expéditives sans nom d'auteur, des procédés graphiques qui permettent d'obtenir immédiatement une des nombreuses solutions possibles :

n étant *impair* ou *pairement pair*, c'est-à-dire égal à 4 ou à un multiple de 4.

Pour n *impairement pair*, c'est-à-dire pair, mais non divisible par 4, comme par exemple 6, 10, 14, 18, ..., nous avons complété la série des procédés graphiques par notre *méthode du carré guide*, applicable d'ailleurs à toutes les racines *paires* et sur laquelle nous nous étendrons spécialement après avoir passé en revue les principaux moyens de construction connus.

Le problème qui nous occupe ne comporte, pour $n = 3$, qu'une seule solution.

Il est facile de s'en rendre compte en remarquant que pour construire la figure, dans ce cas particulier, il est nécessaire de grouper huit combinaisons C_9^3 : trois pour les lignes, trois pour les colonnes, deux pour les diagonales, formant autant de groupes de trois nombres dont le total donne $3\left(\frac{3^2+1}{2}\right) = 15$.

Or il n'existe précisément, sur les 84 combinaisons C_9^3, que 8 combinaisons propices, savoir :

1 5 9	1 6 8	2 5 8
2 6 7	2 4 9	4 5 6
3 4 8	3 5 7	

Le nombre 5 seul y est répété quatre fois;

Les nombres 2, 4, 6, 8, chacun trois fois;

Les nombres 1, 3, 7, 9, deux fois seulement.

Cette observation conduit immédiatement à placer les nombres, comme suit, sur l'échiquier de neuf cases :

5 au milieu;

2, 4, 6, 8 aux angles, dans un ordre quelconque;

1, 3, 7, 9 aux extrémités des bras de la croix intérieure, aux places déterminées par la position des cinq nombres déjà placés.

On obtiendra toujours, quel que soit le mode d'opérer, l'une ou l'autre des huit positions de l'unique carré de 3, représenté par la figure 172, dont il est facile de retenir la composition soit à l'aide du graphique figure 173, soit en se rappelant, d'autre façon :

Qu'il faut inscrire au centre le nombre moyen 5 de la progression 1, 2, 3, ..., 9 et les autres nombres de telle sorte que leur différence avec leur voisin 5 du centre soit égale à 1 sur une diagonale et à la racine 3 du carré sur l'autre.

Fig. 172.

8	1	6
3	5	7
4	9	2

Fig. 173.

Une règle analogue pourra être observée pour tous les carrés de racine impaire : 5, 7, 9, etc.

Le nombre des solutions, ainsi que nous le savons, s'accroît rapidement avec la racine.

Pour $n = 4$ il en existe 880 vraiment différentes, pouvant donner, par rotation et symétrie,

$$8 \times 880 = 7040 \text{ variantes}$$

utilisables, comme nous le verrons, pour les quartiers des « carrés guides » ou les noyaux des carrés à enceinte.

Les carrés de 4 ont été étudiés tout spécialement par plusieurs auteurs, car ils sont relativement peu nombreux et susceptibles de remarques très intéressantes.

Leur nombre, pendant longtemps discuté, a été précisé par Frénicle d'abord et contrôlé, en particulier, par les méthodes de MM. Delannoy, Frolow, etc.

Il se décompose ainsi :

Diaboliques		48	Carrés α, β, γ de Frénicle..	432
Semi-diaboliques.	Ordinaires...	336		
	Centrés......	48		
Carrés simples				448
			Total	880

Rappelons que nous avons indiqué précédemment des procédés graphiques simples pour construire les carrés de 4 semi-diaboliques des figures 7, 9 (centrés) et 11 (ordinaire).

Indiquons encore le procédé suivant pour construire un des carrés diaboliques de cette racine :

Les nombres 1, 2, 3, ..., 16 étant écrits sur quatre lignes et successivement par colonnes de quatre (*fig.* 174), dans l'ordre indiqué par le graphique (*fig.* 175), facile à retenir,

Fig. 174.

(1)	1	8	12	13
(2)	2	7	11	14
(3)	3	6	10	15
(4)	4	5	9	16

Fig. 175.

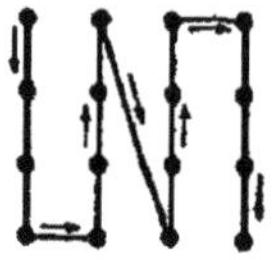

Nous constituerons les quatre quartiers d'un diabolique (*fig.* 176) avec les lignes successives du Tableau (*fig.* 174), en observant les indications du *diagramme des quatre* N de la figure 177 :

Fig. 176.

1	12	7	14
8	13	2	11
10	3	16	5
15	6	9	4

Fig. 177.

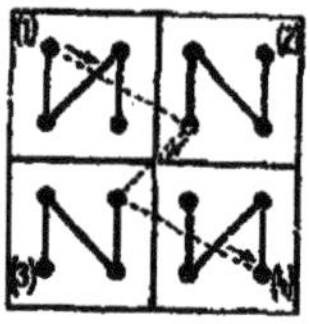

Par extension, le même procédé peut servir à la construction de carrés diaboliques de plus grande racine.

Pour $n = 8$, par exemple, les 64 premiers nombres étant disposés sur quatre lignes et par groupes de quatre colonnes chacun, d'après les indications du graphique (*fig.* 175) :

(*a*)	1	8	12	13	17	24	28	29	33	40	44	45	49	56	60	61
(*b*)	2	7	11	14	18	23	27	30	34	39	43	46	50	55	59	62
(*c*)	3	6	10	15	19	22	26	31	35	38	42	47	51	54	58	63
(*d*)	4	5	9	16	20	21	25	32	36	37	41	48	52	53	57	64

les quatre suites de seize nombres (*a*), (*b*), (*c*), (*d*) seront traitées, chacune pour leur compte, de la même façon que pour la construction du diabolique de 4.

La première, (a), donnera ainsi le Tableau figure 178 et le carré semi-magique figure 179 :

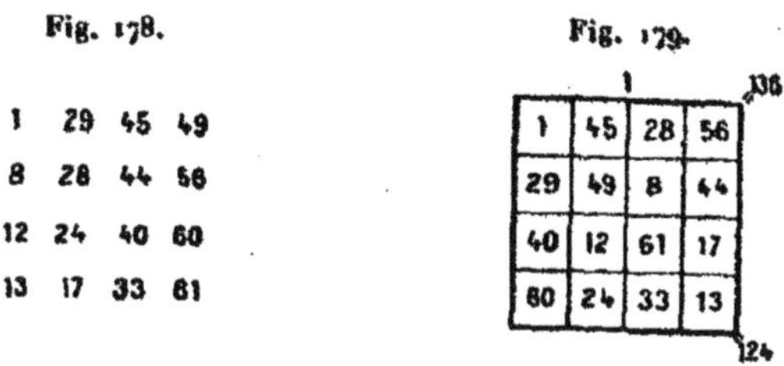

Fig. 178.

1	29	45	49
8	28	44	56
12	24	40	60
13	17	33	61

Fig. 179.

1	45	28	56
29	49	8	44
40	12	61	17
60	24	33	13

Les trois autres, (b), (c), (d), les semi-magiques figures 180, 181, 182 :

Fig. 180.

2 — 132 — 128

2	46	27	55
30	50	7	43
39	11	62	18
59	23	34	14

Fig. 181.

3 — 128 — 132

3	47	26	54
31	51	6	42
38	10	63	19
58	22	35	15

Fig. 182.

4 — 124 — 136

4	48	25	53
32	52	5	41
37	9	64	20
57	21	36	16

L'assemblage des quatre semi-magiques produisant le carré diabolique parfait de la figure 183 :

Fig. 183.

1	45	28	56	2	46	27	55
29	49	8	44	30	50	7	43
40	12	61	17	39	11	62	18
60	24	33	13	59	23	34	14
3	47	26	54	4	48	25	53
31	51	6	42	32	52	5	41
38	10	63	19	37	9	64	20
58	22	35	15	57	21	36	16

Méthode de La Hire.

Si l'on considère les deux progressions

$$(1)\qquad 1,\ 2,\ 3,\ 4,\ \ldots,\ n,$$

$$(2)\qquad 0,\ n,\ 2n,\ 3n,\ \ldots,\ (n-1)n,$$

on voit qu'en additionnant tous les termes de l'une avec chacun des termes de l'autre, on obtient successivement les n^2 termes de la progression

$$1, 2, 3, 4, \ldots, n^2.$$

Cette remarque faite, supposons construits deux carrés magiques : le premier avec les n termes de la progression (1) répétés n fois chacun ; le deuxième avec les n termes de la progression (2) répétés de même.

Il est évident qu'en additionnant ensuite, terme à terme, ces deux figures préliminaires nous obtiendrons un carré magique de racine n, constitué avec les 1, 2, 3, ..., n^2 premiers nombres, si nous avons pris soin toutefois d'établir les deux carrés composants de telle sorte que, dans leur assemblage, chaque terme d'une progression se rencontre bien avec tous ceux de l'autre et une fois seulement avec chacun d'eux.

Telle est la méthode de La Hire, très ingénieuse, mais irrationnelle en ce sens qu'elle ne met pas en jeu directement les nombres mêmes dont les relations d'ordre et de grandeur doivent produire le carré magique.

Fig. 184.

2	1	3
3	2	1
1	3	2

Fig. 185.

6	0	3
0	3	6
3	6	0

Fig. 186.

8	1	6
3	5	7
4	9	2

Fig. 187.

1	6	4	2	7	5	3
5	3	1	6	4	2	7
2	7	5	3	1	6	4
6	4	2	7	5	3	1
3	1	6	4	2	7	5
7	5	3	1	6	4	2
4	2	7	5	3	1	6

Fig. 188.

0	35	21	7	42	28	14
21	7	42	28	14	0	35
42	28	14	0	35	21	7
14	0	35	21	7	42	28
35	21	7	42	28	14	0
7	42	28	14	0	35	21
28	14	0	35	21	7	42

Quoi qu'il en soit, cette méthode, sur laquelle Violle a échafaudé tout entier son volumineux ouvrage, est certainement la plus féconde de celles actuellement connues. Facile à appliquer aux carrés de racine impaire, elle se montre moins propice à la construction de ceux de racine paire,

Fig. 189.

1	41	25	9	49	33	17
26	10	43	34	18	2	42
44	35	19	3	36	27	11
20	4	37	28	12	45	29
38	22	13	46	30	21	5
14	47	31	15	6	39	23
32	16	7	40	24	8	48

Fig. 190.

1	4	3	2
4	2	1	3
1	3	4	2
4	1	2	3

Fig. 191.

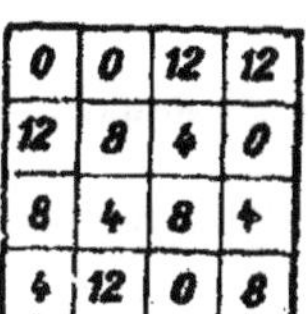

0	0	12	12
12	8	4	0
8	4	8	4
4	12	0	8

Fig. 192.

1	4	15	14
16	10	5	3
9	7	12	6
8	13	2	11

Fig. 193.

5	7	6	8	3	1	2	4
6	8	7	5	4	2	3	1
4	2	1	3	8	6	7	5
1	3	2	4	5	7	8	6
3	1	2	4	5	7	6	8
4	2	3	1	6	8	7	5
8	6	7	5	4	2	1	3
5	7	8	6	1	3	2	4

Fig. 194.

0	16	40	56	32	48	8	24
48	32	24	8	16	0	56	40
8	24	32	48	40	56	0	16
56	40	16	0	24	8	48	32
24	8	48	32	56	40	16	0
40	56	0	16	8	24	32	48
16	0	56	40	48	32	24	8
32	48	8	24	0	16	40	56

pour lesquels la confection des carrés préliminaires exige l'observation de règles assez compliquées (*voir* l'édition de Bachet de M. Labosne).

Les difficultés d'application de cette méthode augmentent d'ailleurs avec la grandeur de la racine.

Fig. 195.

5	23	46	64	35	49	10	28
54	40	31	13	20	2	59	41
12	26	33	51	48	62	7	21
57	43	18	4	29	15	56	38
27	9	50	36	61	47	22	8
44	58	3	17	14	32	39	53
24	6	63	45	52	34	25	11
37	55	16	30	1	19	42	60

Les carrés de 3 et de 7 d'une part, de 4 et de 8 d'autre part, qui précèdent (*fig.* 184 à 195), suffiront pour en faire comprendre le mécanisme.

Méthode de Bachet.

Cette méthode ne s'applique qu'aux racines *impaires* et ne donne, pour chaque racine, qu'un seul type de carré.

Elle consiste à augmenter l'échiquier, sur les quatre faces, du nombre de cases convenable pour obtenir un nouveau réseau de cases régulier en forme de losange enveloppant l'échiquier primitif, comme le montre la figure 196 pour $n = 7$.

Les nombres 1, 2, 3, ..., n^2 sont alors écrits obliquement sur les lignes successives du nouvel échiquier : lignes déterminées par les cases extérieures, au nombre de n.

On arrive ainsi à inscrire à l'intérieur du carré primitif $\frac{n^2+1}{2}$ nombres, en place définitive, tandis que $\frac{n^2-1}{2}$ sont répartis en dehors, dans les quatre triangles extérieurs. Ces derniers sont, en bloc, par groupe triangulaire, reportés ensuite à l'intérieur du carré pour garnir les cases vides du réseau analogue ayant sa base sur le côté opposé à celui sur lequel s'appuyait le groupe transporté.

Le carré de 7 (*fig.* 197) résulte ainsi de l'opération pratiquée sur la figure 196.

Avec un peu d'habitude on arrive facilement à se dispenser de l'échiquier intermédiaire et à écrire de suite les carrés de cette méthode.

Fig. 196.

						1						
					8		2					
				15		9		3				
			22		16		10		4			
		29		23		17		11		5		
	36		30		24		18		12		6	
43		37		31		25		19		13		7
	44		38		32		26		20		14	
		45		39		33		27		21		
			46		40		34		28			
				47		41		35				
					48		42					
						48						

Fig. 197.

22	47	16	41	10	35	4
5	23	48	17	42	11	29
30	6	24	49	18	36	12
13	31	7	25	43	19	37
38	14	32	1	26	44	20
21	39	8	33	2	27	45
46	15	40	9	34	3	28

Ayant placé l'unité dans la case immédiatement en dessous de la case centrale, on écrit successivement les nombres nécessaires dans leur ordre naturel, de façon que, par série de n, ils se trouvent placés sur des lignes obliques parallèles complémentaires (au point de vue du nombre de cases).

Une série étant placée on passe à la suivante en écrivant le premier nombre de celle-ci dans la *deuxième case* en dessous de celle où a été placé le dernier nombre de la série précédente, et ainsi de suite.

En remplissant les lignes obliques de cases, comme il vient d'être dit, on passe d'une case de bordure à celle opposée de la bande voisine : ligne ou colonne suivant que la ligne d'écriture coupe le carré par une colonne ou par une ligne.

Ainsi interprétée, la méthode de Bachet offre la plus grande analogie avec celle dite *expéditive* que nous décrivons plus loin.

Le carré que nous avons obtenu (*fig.* 197) est centré, par suite semi-diabolique comme tous ceux construits par ce procédé, sauf celui de 3; propriété qu'ils tiennent, par le fait même, de l'ordonnance spéciale donnée aux nombres sur le tableau préparatoire.

Ceux dont la racine n est *un nombre premier* (à l'exception de 3) ou *impair composé mais ne renfermant pas le facteur* 3 peuvent se transformer aisément en carrés *diaboliques*. Il suffit de faire permuter entre elles les lignes ou les colonnes qui doivent alors s'écrire dans l'ordre suivant :

$$\text{I}, \quad \left(\frac{n+1}{2}+1\right), \quad \text{II}, \quad \left(\frac{n+1}{2}+2\right), \quad \text{III}, \quad \left(\frac{n+1}{2}+3\right), \quad \text{IV}, \quad \ldots$$

Ainsi dans l'ordre

$$1, 5, 2, 6, 3, 7, 4 \quad \text{pour} \quad n = 7.$$

Les carrés diaboliques obtenus sont de genre différent, suivant la nature de la racine. Ceux imparfaits (pour n premier) deviennent d'ailleurs parfaits et centrés par rupture simple, ramenant au centre le terme moyen de la progression.

Nous avons ainsi obtenu les diaboliques suivants :

$n = 5$ (*fig.* 198, 199).

Fig. 198.

11	24	7	20	3
10	18	1	14	22
4	12	25	8	16
23	6	19	2	15
17	5	13	21	9

Fig. 199.

4	12	25	8	16
23	6	19	2	15
17	5	13	21	9
11	24	7	20	3
10	18	1	14	22

$n = 7$ (*fig.* 200, 201).

Fig. 200.

22	47	16	41	10	35	4
38	14	32	1	26	44	20
5	23	48	17	42	11	29
21	39	8	33	2	27	45
30	6	24	49	18	36	12
46	15	40	9	34	3	28
13	31	7	25	43	19	37

Fig. 201.

21	39	8	33	2	27	45
30	6	24	49	18	36	12
46	15	40	9	34	3	28
13	31	7	25	43	19	37
22	47	16	41	10	35	4
38	14	32	1	26	44	20
5	23	48	17	42	11	29

$n = 11$ (*fig.* 202, 203).

Fig. 202.

56	117	46	107	36	97	26	87	16	77	6
92	32	83	22	72	1	62	112	52	102	42
7	57	118	47	108	37	98	27	88	17	67
43	93	33	83	12	73	2	63	113	53	103
68	8	58	119	48	109	38	99	28	78	18
104	44	94	23	84	13	74	3	64	114	54
19	69	8	59	120	49	110	39	89	29	79
55	105	34	95	24	85	14	75	4	65	115
80	20	70	10	60	121	50	100	40	90	30
116	45	106	35	96	25	86	15	76	5	66
31	81	21	71	11	61	111	51	101	41	91

Fig. 203.

104	44	94	23	84	13	74	3	64	114	54
19	69	9	59	120	49	110	39	89	29	79
55	105	34	95	24	85	14	75	4	85	115
80	20	70	10	60	121	50	100	40	90	30
116	45	106	35	96	25	86	15	78	5	66
31	81	21	71	11	61	111	51	101	41	91
56	117	46	107	36	97	26	87	16	77	6
92	32	82	22	72	1	62	112	52	102	42
7	57	118	47	108	37	98	27	88	17	67
43	93	33	83	12	73	2	63	113	53	103
68	8	58	119	48	109	38	99	28	78	18

Enfin $n = 25$ (*fig.* 204) obtenu tel quel immédiatement et qui reste diabolique parfait après rupture simple (12-13) qui ramène au centre le terme moyen 313.

Si l'on pratique, à l'aide de la formule précédente, des permutations du même genre sur les carrés de Bachet, de racine $= 3$ ou à un nombre impair composé contenant le facteur 3, on transforme ceux-ci en carrés semi-magiques singuliers (diagonales égales à $C - n$ et $C - n^2$) que leur *magie complémentaire* permet de rectifier facilement par ruptures simples.

Fig. 204.

301	614	277	590	253	566	229	542	205	518	181	494	157	470	133	446	109	422	85	398	61	374	37	350	13
170	458	146	434	122	410	98	386	74	362	50	338	1	314	602	290	578	266	554	242	530	218	506	194	482
14	302	615	278	591	254	567	230	543	206	519	182	495	158	471	134	447	110	423	86	399	62	375	38	326
483	171	459	147	435	123	411	99	387	75	363	26	339	2	315	603	291	579	267	555	243	531	219	507	195
327	15	303	616	279	592	255	568	231	544	207	520	183	496	159	472	135	448	111	424	87	400	63	351	39
196	484	172	460	148	436	124	412	100	388	51	364	27	340	3	316	604	292	580	268	556	244	532	220	508
40	328	16	304	617	280	593	256	569	232	545	208	521	184	497	160	473	136	449	112	425	88	376	64	352
509	197	485	173	461	149	437	125	413	76	389	52	365	28	341	4	317	605	293	581	269	557	245	533	221
353	41	329	17	305	618	281	594	257	570	233	546	209	522	185	498	161	474	137	450	113	401	89	377	65
222	510	198	486	174	462	150	438	101	414	77	390	53	366	29	342	5	318	606	294	582	270	558	246	534
66	354	42	330	18	306	619	282	595	258	571	234	547	210	523	186	499	162	475	138	426	114	402	90	378
535	223	511	199	487	175	463	126	439	102	415	78	391	54	367	30	343	6	319	607	295	583	271	559	247
379	67	355	43	331	19	307	620	283	596	259	572	235	548	211	524	187	500	163	451	139	427	115	403	91
248	536	224	512	200	488	151	464	127	440	103	416	79	392	55	368	31	344	7	320	608	296	584	272	560
92	380	68	356	44	332	20	308	621	284	597	260	573	236	549	212	525	188	476	164	452	140	428	116	404
561	249	537	225	513	176	489	152	465	128	441	104	417	80	393	56	369	32	345	8	321	609	297	585	273
405	93	381	69	357	45	333	21	309	622	285	598	261	574	237	550	213	501	189	477	165	453	141	429	117
274	562	250	538	201	514	177	490	153	466	129	442	105	418	81	394	57	370	33	346	9	322	610	298	586
118	406	94	382	70	358	46	334	22	310	623	286	599	262	575	238	526	214	502	190	478	166	454	142	430
587	275	563	226	539	202	515	178	491	154	467	130	443	106	419	82	395	58	371	34	347	10	323	611	299
431	119	407	95	383	71	359	47	335	23	311	624	287	600	263	551	239	527	215	503	191	479	167	455	143
300	588	251	564	227	540	203	516	179	492	155	468	131	444	107	420	83	396	59	372	35	348	11	324	612
144	432	120	408	96	384	72	360	48	336	24	312	625	288	576	264	552	240	528	216	504	192	480	168	456
613	276	589	252	565	228	541	204	517	180	493	156	469	132	445	108	421	84	397	60	373	36	349	12	325
457	145	433	121	409	97	385	73	361	49	337	25	313	601	289	577	265	553	241	529	217	505	193	481	169

Diabolique de 25 par permutation des lignes du carré de Bachet.

On obtient ainsi de nouveaux carrés semi-diaboliques à magie complémentaire, en nombre plus ou moins grand, suivant la valeur de la racine, très favorables à la construction des variantes de la même racine.

Pour $n = 3$ le carré de Bachet (*fig.* 205) devient, les lignes étant

Fig. 205.

4	9	2
3	5	7
8	1	6

Fig. 206.

C=15

4	9	2
8	1	6
3	5	7

Fig. 207.

8	1	6
3	5	7
4	9	2

écrites dans l'ordre 1, 3, 2, le carré semi-magique (*fig.* 206) qu'une rupture simple ramène au carré primitif, dans une autre position.

Pour $n=9$ le carré de Bachet (*fig.* 208) donne, les lignes étant permutées dans l'ordre 1, 6, 2, 7, 3, 8, 4, 9, 5, le semi-magique à magic complémentaire (*fig.* 209) avec lequel on obtient par les ruptures

Fig. 208.

37	78	29	70	21	62	13	54	5
6	38	79	30	71	22	63	14	46
47	7	39	80	31	72	23	55	15
16	48	8	40	81	32	64	24	56
57	17	49	9	41	73	33	65	25
26	58	18	50	1	42	74	34	66
67	27	59	10	51	2	43	75	35
36	68	19	60	11	52	3	44	76
77	28	69	20	61	12	53	4	45

Fig. 209.

3 C=369 3

37	78	29	70	21	62	13	54	5
26	58	18	50	1	42	74	34	66
6	38	79	30	71	22	63	14	46
67	27	59	10	51	2	43	75	35
47	7	39	80	31	72	23	55	15
36	68	19	60	11	52	3	44	76
16	48	8	40	81	32	64	24	56
77	28	69	20	61	12	53	4	45
57	17	49	9	41	73	33	65	25

288 380

Fig. 210.

2 2

47	7	39	80	31	72	23	55	15
36	68	19	60	11	52	3	44	76
16	48	8	40	81	32	64	24	56
77	28	69	20	61	12	53	4	45
57	17	49	9	41	73	33	65	25
37	78	29	70	21	62	13	54	5
26	58	18	50	1	42	74	34	66
6	38	79	30	71	22	63	14	46
67	27	59	10	51	2	43	75	35

Fig. 211.

2 2

26	58	18	50	1	42	74	34	66
6	38	79	30	71	22	63	14	46
67	27	59	10	51	2	43	75	35
47	7	39	80	31	72	23	55	15
36	68	19	60	11	52	3	44	76
16	48	8	40	81	32	64	24	56
77	28	69	20	61	12	53	4	45
57	17	49	9	41	73	33	65	25
37	78	29	70	21	62	13	54	5

convenables (4-5), (1-8), (7-2) les semi-diaboliques (*fig.* 210, 211, 212), sans parler de tous ceux qu'ils pourraient engendrer par l'application des méthodes de transformation appropriées, que nous avons décrites antérieurement.

Nous avons donné enfin, comme dernier exemple, le carré de 15 semi-diabolique à magie complémentaire de la figure 214 obtenu, par le même

Fig. 212.

2 2

77	28	69	20	61	12	53	4	45
57	17	49	9	41	73	33	65	25
37	78	29	70	21	62	13	54	5
26	58	18	50	1	42	74	34	66
6	38	79	30	71	22	63	14	46
67	27	59	10	51	2	43	75	35
47	7	39	80	31	72	23	55	15
36	68	19	60	11	52	3	44	76
16	48	8	40	81	32	64	24	56

Fig. 213.

5 S=1695 5

106	219	92	205	78	191	64	177	50	163	36	149	22	135	8
170	58	156	44	142	30	128	1	114	212	100	198	86	184	72
9	107	220	93	206	79	192	65	178	51	164	37	150	23	121
73	171	59	157	45	143	16	129	2	115	213	101	199	87	185
122	10	108	221	94	207	80	193	66	179	52	165	38	136	24
186	74	172	60	158	31	144	17	130	3	116	214	102	200	88
25	123	11	109	222	95	208	81	194	67	180	53	151	39	137
89	147	75	173	46	159	32	145	18	131	4	117	215	103	201
138	26	124	12	110	223	96	209	82	195	68	166	54	152	40
202	90	188	61	174	47	160	33	146	19	132	5	118	216	104
41	139	27	125	13	111	224	97	210	83	181	69	167	55	153
105	203	76	189	62	175	48	161	34	147	20	133	6	119	217
154	42	140	28	126	14	112	225	98	196	84	182	70	168	56
218	91	204	77	190	63	176	49	162	35	148	21	134	7	120
57	155	43	141	29	127	15	113	211	99	197	85	183	71	169

1470 1680

procédé, à l'aide du semi-magique (*fig.* 213) susceptible d'en fournir, en outre, par les ruptures simples (1-14), (4-11), (10-5), (13-2), quatre autres du même genre; celui de la figure 214 correspondant à la rupture (7-8).

Fig. 214.

89	187	75	173	46	159	32	145	18	131	4	117	215	103	201
138	26	124	12	110	223	96	209	82	195	68	166	54	152	40
202	90	188	61	174	47	160	33	146	19	132	5	118	216	104
41	139	27	125	13	111	224	97	210	83	181	69	167	55	153
105	203	76	189	62	175	48	161	34	147	20	133	6	119	217
154	42	140	28	126	14	112	225	98	198	84	182	70	168	56
218	91	204	77	190	63	176	49	162	35	148	21	134	7	120
57	155	43	141	29	127	15	113	211	99	197	85	183	171	169
106	219	92	205	78	191	64	177	50	163	36	149	22	135	8
170	58	156	44	142	30	128	1	114	212	100	198	86	184	72
9	107	220	93	206	79	192	65	178	51	164	37	150	23	121
73	171	59	157	45	143	16	129	2	115	213	101	199	87	185
122	10	108	221	94	207	80	193	66	179	52	165	38	136	24
186	74	172	60	158	31	144	17	130	3	116	214	102	200	88
25	123	11	109	222	95	208	81	194	67	180	53	151	39	137

Rappelons que des permutations semblables portant sur les colonnes conduiraient à des résultats du même genre et différents de ceux obtenus en opérant sur les lignes.

Les carrés diaboliques et semi-diaboliques, dérivés par permutations des lignes ou des colonnes de ceux de Bachet, apparaissent d'ailleurs, à l'examen, construits d'après une loi analogue à celle qui préside à l'établissement de ces derniers.

Les nombres successifs 1, 2, 3, ..., n^2 se trouvent disposés par *alignements* sur des lignes obliques, sautant d'une case à celle opposée d'un rectangle de deux sur trois cases (*fig.* 215) (a à b).

En partant, par exemple, de la deuxième case en dessous de celle du centre (*fig.* 199, 201, 203, 207, 210, 214), le mode d'écriture sera le même que celui décrit précédemment.

Le passage d'une série de n nombres à la suivante se fera en sautant *quatre* cases, et la même règle devra être observée pour passer d'une case de bordure à la suivante.

Fig. 215.

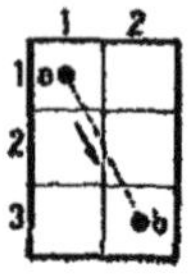

	1	2
1	a	
2		
3		b

La méthode de Bachet, ainsi développée, fournit un procédé graphique très simple pour la construction de diaboliques et semi-diaboliques particuliers qui peuvent être pris comme générateurs d'un grand nombre de variantes.

Nota. — La méthode de Rallier des Ourmes conduit, par une voie différente, au type unique de Bachet, aussi nous ne la décrirons pas.

Méthodes dites expéditives.

1° *Racines impaires.* — Pour construire le carré de racine n impair on écrit l'unité dans la case du milieu de la ligne supérieure de l'échiquier; le chiffre 2 dans la colonne voisine (celle de droite par exemple) sur la ligne opposée et les autres nombres dans leur ordre naturel, en montant obliquement, de gauche à droite, de case en case, parallèlement à la grande diagonale du carré. Après la dernière case, dans cette direction, située sur la colonne de droite, il faut passer à la case de la colonne de gauche dans la ligne immédiatement supérieure pour continuer à nouveau dans une direction oblique comme il a été dit.

Si l'écriture conduit à sortir du carré par le haut, il faut y rentrer à droite par le bas dans la colonne voisine. Vient-on à rencontrer une case déjà garnie, il faut placer le nombre à écrire dans la case immédiatement en dessous de la dernière remplie et repartir obliquement toujours dans le même sens.

La sortie des cases d'angle s'opère d'après les mêmes principes, comme il est facile de s'en rendre compte sur l'exemple que nous donnons ci-après :

Carré de 9 construit par cette méthode (*fig.* 216).

Fig. 216.

47	58	69	80	1	12	23	34	45
57	68	79	9	11	22	33	44	46
67	78	8	10	21	32	43	54	56
77	7	18	20	31	42	53	55	66
6	17	19	30	41	52	63	65	76
16	27	29	40	51	62	64	75	5
26	28	39	50	61	72	74	4	15
36	38	49	60	71	73	3	14	25
37	48	59	70	81	2	13	24	35

Le dernier chiffre de la série 1, 2, 3, ..., n^2 occupe la case opposée à l'unité dans la colonne centrale, c'est-à-dire celle du milieu de la ligne inférieure.

Comme ceux construits par le procédé de Bachet, les carrés impairs de la méthode expéditive sont centrés, par suite semi-diaboliques, *sauf celui de* 3, mais diffèrent de ceux-là à double titre : par leur composition d'abord, ensuite par leur magie complémentaire *totale suivant une diagonale* pour ceux dont n est premier ou impair composé, sans le facteur 3, *partielle* pour ceux dont la racine n'admet pas les diaboliques.

Les premiers permettent d'ailleurs, à l'aide du procédé suivant, la construction de diaboliques parfaits de la même racine.

Étant donné le carré ABCD (*fig.* 217), le diabolique correspondant

Fig. 217.

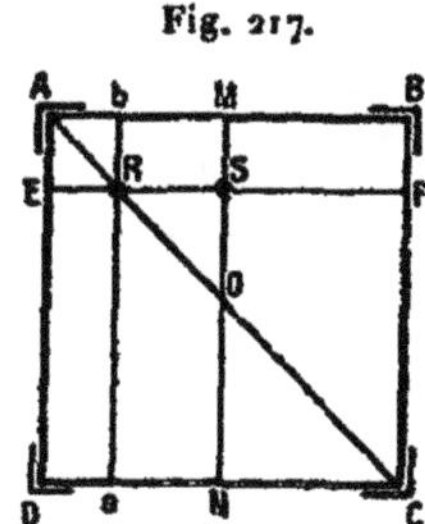

Fig. 218.

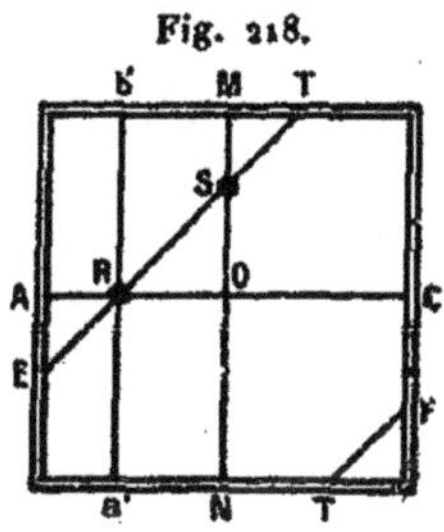

(*fig.* 218) a pour ligne centrale la diagonale AC et pour colonne centrale celle MN du générateur.

Les lignes successives de ABCD sont transportées pour constituer les faisceaux complémentaires comme ET — TF du diabolique. Les éléments

Fig. 219.

93	108	123	138	153	168	1	16	31	46	61	76	91
107	122	137	152	167	13	15	30	45	60	75	90	92
121	136	151	166	12	14	29	44	59	74	89	104	106
135	150	165	11	26	28	43	58	73	88	103	105	120
149	164	10	25	27	42	57	72	87	102	117	119	134
163	9	24	39	41	56	71	86	101	116	118	133	148
8	23	38	40	55	70	85	100	115	130	132	147	162
22	37	52	54	69	84	99	114	129	131	146	161	7
36	51	53	68	83	98	113	128	143	145	160	6	21
50	65	67	82	97	112	127	142	144	159	5	20	35
64	66	81	96	111	126	141	156	158	4	19	34	49
78	80	95	110	125	140	155	157	3	18	33	48	63
79	94	109	124	139	154	169	2	17	32	47	62	77

Fig. 220.

22	51	67	96	125	154	1	30	59	88	117	133	162
36	65	81	110	139	168	15	44	73	102	118	147	7
50	66	95	124	153	13	29	58	87	116	132	161	21
64	80	109	138	167	14	43	72	101	130	146	6	35
78	94	123	152	12	28	57	86	115	131	160	20	49
79	108	137	166	26	42	71	100	129	145	5	34	63
93	122	151	11	27	56	85	114	143	159	19	48	77
107	136	165	25	41	70	99	128	144	4	33	62	91
121	150	10	39	55	84	113	142	158	18	47	76	92
135	164	24	40	69	98	127	156	3	32	61	90	106
149	9	38	54	83	112	141	157	17	46	75	104	120
163	23	52	68	97	126	155	2	31	60	89	105	134
8	37	53	82	111	140	169	16	45	74	103	119	148

R et S, déjà placés dans ce dernier, déterminant le choix de la ligne et le sens de l'écriture.

On peut, ce qui revient au même, après avoir mis en place la ligne AC, constituer les colonnes successives du diabolique avec les éléments des colonnes correspondantes du primitif, écrits dans le même ordre vertical, en commençant par R, de façon que

$$Ra' + b'R\,(fig.\ 218) = Ra + bR\,(fig.\ 217).$$

C'est ainsi que nous avons obtenu pour $n = 13$ (*fig.* 219) le diabolique parfait (*fig.* 220).

Pour $n = 17$ (*fig.* 221) le diabolique parfait (*fig.* 222) et par le même procédé pour $n = 25$ le diabolique parfait de la figure 223.

Fig. 221.

16

155	174	193	212	231	250	269	288	1	20	39	58	77	96	115	134	153
173	192	211	230	249	268	287	17	19	38	57	76	95	114	133	152	154
191	210	229	248	267	286	16	18	37	56	75	94	113	132	151	170	172
209	228	247	266	285	15	34	36	55	74	93	112	131	150	169	171	190
227	246	265	284	14	33	35	54	73	92	111	130	149	168	187	189	208
245	264	283	13	32	51	53	72	91	110	129	148	167	186	188	207	226
263	282	12	31	50	52	71	90	109	128	147	166	185	204	206	225	244
281	11	30	49	68	70	89	108	127	146	165	184	203	205	224	243	262
10	29	48	67	69	88	107	126	145	164	183	202	221	223	242	261	280
28	47	66	85	87	106	125	144	163	182	201	220	222	241	260	279	9
46	65	84	86	105	124	143	162	181	200	219	238	240	259	278	8	27
64	83	102	104	123	142	161	180	199	218	237	239	258	277	7	26	45
82	101	103	122	141	160	179	198	217	236	255	257	276	6	25	44	63
100	119	121	140	159	178	197	216	235	254	256	275	5	24	43	62	81
118	120	139	158	177	196	215	234	253	272	274	4	23	42	61	80	99
136	138	157	176	195	214	233	252	271	273	3	22	41	60	79	98	117
137	156	175	194	213	232	251	270	289	2	21	40	59	78	97	116	135

L'examen de ces divers diaboliques conduit, au sujet de leur composition, à une remarque analogue à celle que nous avons faite pour ceux dérivés des types de Bachet, leur loi de formation par *alignements* du même genre fournit un procédé graphique facile à retenir pour les écrire immédiatement.

Le chiffre 1 étant placé dans la case du haut de la colonne centrale, l'écriture des nombres successifs de la série 1, 2, 3, ..., n^2 se poursuit exactement comme pour le carré ordinaire de la méthode expéditive, avec cette seule différence que les éléments se succèdent d'une case à celle opposée du rectangle de trois sur deux cases.

Les carrés diaboliques issus, comme il vient d'être dit, de la méthode expéditive, appartiennent à la même famille (*par alignements de première espèce*) que ceux de même racine obtenus par permutations sur les carrés de la méthode de Bachet; il est facile de s'en rendre

Fig. 223.

28	65	102	122	159	196	233	270	1	38	75	112	149	186	206	243	280
46	83	103	140	177	214	251	288	19	56	93	130	167	204	224	261	9
64	101	121	158	195	232	269	17	37	74	111	148	185	205	242	279	27
82	119	139	176	213	250	287	18	55	92	129	166	203	223	260	8	45
100	120	157	194	231	268	16	36	73	110	147	184	221	241	278	26	63
118	138	175	212	249	286	34	54	91	128	165	202	222	259	7	44	81
136	156	193	230	267	15	35	72	109	146	183	220	240	277	25	62	99
137	174	211	248	285	33	53	90	127	164	201	238	258	6	43	80	117
155	192	229	266	14	51	71	108	145	182	219	239	276	24	61	98	135
173	210	247	284	32	52	89	126	163	200	237	257	5	42	79	116	153
191	228	265	13	50	70	107	144	181	218	255	275	23	60	97	134	154
209	246	283	31	68	88	125	162	199	236	256	4	41	78	115	152	172
227	264	12	49	69	106	143	180	217	254	274	22	59	96	133	170	190
245	282	30	67	87	124	161	198	235	272	3	40	77	114	151	171	208
263	11	48	85	105	142	179	216	253	273	21	58	95	132	169	189	226
281	29	66	86	123	160	197	234	271	2	39	76	113	150	187	207	244
10	47	84	104	141	178	215	252	289	20	57	94	131	168	188	225	262

compte et de passer des uns aux autres à l'aide des transformations que nous savons pratiquer sur ces figures.

Le carré semi-diabolique à magie complémentaire de 5 par exemple (*fig.* 224) de la méthode expéditive engendre précisément le diabolique parfait de la figure 199 résultant, comme nous le savons, d'une rupture simple pratiquée sur le diabolique imparfait (*fig.* 198) obtenu d'après celui de Bachet.

Ceux de racine plus élevée se rattachent les uns aux autres par des transformations un peu plus compliquées faciles à trouver néanmoins.

Enfin, si l'on traite ceux des carrés construits par la méthode expéditive

Fig. 223.

40	93	146	199	227	280	333	386	439	492	545	598	1	54	107	160	213	266	319	372	425	453	506	559	612
66	119	172	225	253	306	359	412	465	518	571	624	27	80	133	186	239	292	345	398	426	479	532	585	13
92	145	198	226	279	332	385	438	491	544	597	25	53	106	159	212	265	318	371	424	452	505	558	611	39
118	171	224	252	305	358	411	464	517	570	623	26	79	132	185	238	291	344	397	450	478	531	584	12	65
144	197	250	278	331	384	437	490	543	596	24	52	105	158	211	264	317	370	423	451	504	557	610	38	91
170	223	251	304	357	410	463	516	569	622	50	78	131	184	237	290	343	396	449	477	530	583	11	64	117
196	249	277	330	383	436	489	542	595	23	51	104	157	210	263	316	369	422	475	503	556	609	37	90	143
222	275	303	356	409	462	515	568	621	49	77	130	183	236	289	342	395	448	476	529	582	10	63	116	169
248	276	329	382	435	488	541	594	22	75	103	156	209	262	315	368	421	474	502	555	608	36	89	142	195
274	302	355	408	461	514	567	620	48	76	129	182	235	288	341	394	447	500	528	581	9	62	115	168	221
300	328	381	434	487	540	593	21	74	102	155	208	261	314	367	420	473	501	554	607	35	88	141	194	247
301	354	407	460	513	566	619	47	100	128	181	234	287	340	393	446	499	527	580	8	61	114	167	220	273
327	380	433	486	539	592	20	73	101	154	207	260	313	366	419	472	525	553	606	34	87	140	193	246	299
353	406	459	512	565	618	46	99	127	180	233	286	339	392	445	498	526	579	7	60	113	166	219	272	325
379	432	485	538	591	19	72	125	153	206	259	312	365	418	471	524	552	605	33	86	139	192	245	298	326
405	458	511	564	617	45	98	126	179	232	285	338	391	444	497	550	578	6	59	112	165	218	271	324	352
431	484	537	590	18	71	124	152	205	258	311	364	417	470	523	551	604	32	85	138	191	244	297	350	378
457	510	563	616	44	97	150	178	231	284	337	390	443	496	549	577	5	58	111	164	217	270	323	351	404
483	536	589	17	70	123	151	204	257	310	363	416	469	522	575	603	31	84	137	190	243	296	349	377	430
509	562	615	43	96	149	177	230	283	336	389	442	495	548	576	4	57	110	163	216	269	322	375	403	456
535	588	16	69	122	175	203	256	309	362	415	468	521	574	602	30	83	136	189	242	295	348	376	429	482
561	614	42	95	148	176	229	282	335	388	441	494	547	600	3	56	109	162	215	268	321	374	402	455	508
587	15	68	121	174	202	255	308	361	414	467	520	573	601	29	82	135	188	241	294	347	400	428	481	534
613	41	94	147	200	228	281	334	387	440	493	546	599	2	55	108	161	214	267	320	373	401	454	507	560
14	67	120	173	201	254	307	360	413	466	519	572	625	28	81	134	187	240	293	346	399	427	480	533	586

Diabolique de 25, par transformation du carré de la méthode expéditive.

Fig. 224.

4

17	24	1	8	15
23	5	7	14	16
4	6	13	20	22
10	12	19	21	3
11	18	25	2	9

dont la racine contient le facteur 3, comme il a été dit pour obtenir les diaboliques, le tableau qui résulte de la construction, présentant seulement la magie verticale, une magie horizontale imparfaite et une certaine magie complémentaire, est utilisable, *comme* nous allons le montrer par un exemple, $n = 9$, pour obtenir de nouvelles variantes du primitif, analogues à celles que nous avons appris à construire dans le cas semblable des carrés de Bachet.

Le tableau (*fig.* 225) dérivé du carré de 9 (*fig.* 216) (semi-diabolique à magie complémentaire réduite comparativement à ceux de n premier) devient le carré semi-magique de la figure 226 par une disposition

Fig. 225.

2 8

16	28	49	70	1	22	43	55	76	360
26	38	59	80	11	32	53	85	5	369
36	48	69	9	21	42	83	75	15	378
37	58	79	10	31	52	64	4	25	360
47	68	8	20	41	62	74	14	35	369
57	78	18	30	51	72	3	24	45	378
67	7	19	40	61	73	13	34	48	360
77	17	29	50	71	2	23	44	56	369
6	27	39	60	81	12	33	54	66	378

Fig. 226.

3 C=369 3

16	48	8	40	81	32	84	24	56
26	58	18	50	1	42	74	34	88
36	68	19	60	11	52	3	44	76
37	78	29	70	21	62	13	54	5
47	7	39	80	31	72	23	55	15
57	17	49	9	41	73	33	65	25
67	27	59	10	61	2	43	75	35
77	28	69	20	81	12	53	4	45
6	38	79	30	71	22	63	14	46

$(C-n^2)$ 288 $(C-n)$ 360

nouvelle des lignes magiques complémentaires : tous les éléments de chaque groupe se retrouvant dans le même ordre sur les deux lignes d'un groupe orienté différemment par rapport aux diagonales. Les éléments de la colonne de gauche, conservée sans modification, servent de point de départ pour l'écriture convenable des nombres de chaque groupe.

Ce carré semi-magique (*fig.* 226), analogue à celui que nous avons obtenu différemment (*fig.* 209) (*il possède en outre la propriété du semi-diabolisme*), jouit des mêmes propriétés grâce à sa magie complémentaire et se transforme de la même manière par les ruptures simples (4-5) (7-2) en carrés magiques simples à magie complémentaire (*fig.* 227, 228) et par la rupture (1-8) en semi-diabolique à magie complémentaire (*fig.* 229).

Nous pourrions d'ailleurs, en utilisant ces derniers comme générateurs, obtenir de nombreuses variantes par des transformations appropriées, lesquelles nous permettraient d'établir la parenté des carrés de la *méthode expéditive* avec ceux de la *méthode de Bachet*.

Fig. 227.

47	7	39	80	31	72	23	55	15
57	17	49	9	41	73	33	65	25
67	27	59	10	51	2	43	75	35
77	28	69	20	61	12	53	4	45
6	38	79	30	71	22	63	14	46
16	48	8	40	81	32	64	24	56
26	58	18	50	1	42	74	34	66
36	68	19	60	11	52	3	44	76
37	78	29	70	21	62	13	54	5

Fig. 228.

77	28	69	20	61	12	53	4	45
6	38	79	30	71	22	63	14	46
16	48	8	40	81	32	64	24	56
26	58	18	50	1	42	74	34	66
36	68	19	60	11	52	3	44	76
37	78	29	70	21	62	13	54	5
47	7	39	80	31	72	23	55	15
57	17	49	9	41	73	33	65	25
67	27	59	10	51	2	43	75	35

Fig. 229.

26	58	18	50	1	42	74	34	66
36	68	19	60	11	52	3	44	76
37	78	29	70	21	62	13	54	5
47	7	39	80	31	72	23	55	15
57	17	49	9	41	73	33	65	25
67	27	59	10	51	2	43	75	35
77	28	69	20	61	12	53	4	45
6	38	79	30	71	22	63	14	46
16	48	8	40	81	32	64	24	56

2° *Racines paires* (pour $n = 4$ ou un multiple de 4). — Le procédé est très simple : on écrit l'unité dans une case d'angle, puis les nombres 4 et 5 sur la même ligne, après avoir sauté 2 cases et ainsi de suite aux lignes suivantes pour une première série qui se termine par le nombre n^2 inscrit dans la case d'angle, opposée à celle de départ.

On revient alors sur les cases vides successives en y plaçant, dans l'ordre, les nombres 2, 3, etc. de la deuxième série.

Il y a lieu seulement d'observer la règle suivante : si, par exemple, l'unité a été placée dans la case de droite en haut, le premier nombre placé dans la seconde ligne, au cours de la première marche, sera inscrit dans la deuxième case (de droite à gauche), le premier de la troisième ligne en dessous de celui-là, le premier de la quatrième ligne dans la première case, le premier de la cinquième en dessous, suivant cette loi pour ceux des autres rangées.

Les carrés de 4 (*fig.* 230) et de 12 (*fig.* 231) qui suivent ont été construits par cette méthode; les nombres inscrits au cours des 2 marches sont en caractères différents.

Fig. 230.

4	***14***	***15***	1
9	7	6	***12***
5	11	10	***8***
16	***2***	***3***	13

Fig. 231.

12	***134***	***135***	9	8	***138***	***139***	5	4	***142***	***143***	1
121	23	22	***124***	***125***	19	18	***128***	***129***	15	14	***132***
109	35	34	***112***	***113***	31	30	***116***	***117***	27	26	***120***
48	***98***	***99***	45	44	***102***	***103***	41	40	***106***	***107***	37
60	***86***	***87***	57	56	***90***	***91***	53	52	***94***	***95***	49
73	71	70	***76***	***77***	67	66	***80***	***81***	63	62	***84***
61	83	82	***64***	***65***	79	78	***68***	***69***	75	74	***72***
96	***50***	***51***	93	92	***54***	***55***	89	88	***58***	***59***	85
108	***38***	***39***	105	104	***42***	***43***	101	100	***46***	***47***	97
25	119	118	***28***	***29***	115	114	***32***	***33***	111	110	***36***
13	131	130	***16***	***17***	127	126	***20***	***21***	123	122	***24***
144	***2***	***3***	141	140	***6***	***7***	137	136	***10***	***11***	133

Ces carrés sont centrés, par suite semi-diaboliques, ils jouissent de plus ($n > 4$) d'une magie complémentaire spéciale qui permet de les rompre d'un grand nombre de manières. Par exemple, celui de la figure 231, par les ruptures simples (2-10), (4-8), (6-6), (8-4), (10-2) pratiquées sur les lignes ou sur les colonnes.

En appliquant à ces figures la *méthode de transformation par rotation et symétrie combinées des quartiers*, que nous avons décrite, on obtient immédiatement des carrés diaboliques parfaits, particulièrement intéressants.

Tels ceux des figures 232 et 233 dérivant des précédents et ceux (*fig.* 234 et 235) obtenus de même.

Fig. 232.

4	14	1	15
9	7	12	6
16	2	13	3
5	11	8	10

Fig. 233.

12	134	135	9	8	138	1	143	142	4	5	139
121	23	22	124	125	19	132	14	15	129	128	18
109	35	34	112	113	31	120	26	27	117	116	30
48	98	99	45	44	102	37	107	106	40	41	103
60	86	87	57	56	90	49	95	94	52	53	91
73	71	70	76	77	67	84	62	63	81	80	66
144	2	3	141	140	6	133	11	10	136	137	7
13	131	130	16	17	127	24	122	123	21	20	126
25	119	118	28	29	115	36	110	111	33	32	114
108	38	39	105	104	42	97	47	46	100	101	43
96	50	51	93	92	54	85	59	58	88	89	55
61	83	82	64	65	79	72	74	75	69	68	78

Fig. 234.

8	58	59	5	1	63	62	4
49	15	14	52	56	10	11	53
41	23	22	44	48	18	19	45
32	34	35	29	25	39	38	28
64	2	3	61	57	7	6	60
9	55	54	12	16	50	51	13
17	47	46	20	24	42	43	21
40	26	27	37	33	31	30	36

Fig. 235.

16	242	243	13	12	246	247	9	1	255	254	4	5	251	250	8
225	31	30	228	229	27	26	232	240	18	19	237	236	22	23	233
209	47	46	212	213	43	42	216	224	34	35	221	220	38	39	217
64	194	195	61	60	198	199	57	49	207	206	52	53	203	202	56
80	178	179	77	76	182	183	73	65	191	190	68	69	187	186	72
161	95	94	164	165	91	90	168	176	82	83	173	172	86	87	169
145	111	110	148	149	107	106	152	160	98	99	157	156	102	103	153
128	130	131	125	124	134	135	121	113	143	142	116	117	139	138	120
256	2	3	253	252	6	7	249	241	15	14	244	245	11	10	248
17	239	238	20	21	235	234	24	32	226	227	29	28	230	231	25
33	223	222	36	37	219	218	40	48	210	211	45	44	214	215	41
208	50	51	205	204	54	55	201	193	63	62	196	197	59	58	200
192	66	67	189	188	70	71	185	177	79	78	180	181	75	74	184
81	175	174	84	85	171	170	88	96	162	163	93	92	166	167	89
97	159	158	100	101	155	154	104	112	146	147	109	108	150	151	105
144	114	115	141	140	118	119	137	129	127	126	132	133	123	122	136

CHAPITRE II.

MÉTHODE DU CARRÉ GUIDE.

Construction, propriétés des carrés guides. — Transformation des carrés guides en carrés semi-magiques et en carrés magiques réguliers. — Exemples divers.

Nous donnerons plus de développement à cette méthode que nous avons imaginée spécialement en vue de la construction des carrés magiques de racine *impairement paire* de la forme $n = 2k$ (*k impair*).

Elle est applicable en outre aux racines *pairement paires*.

Si l'on dispose la série des nombres naturels ainsi qu'il suit :

(a)	1	5	9	13	. . .
(b)	2	6	10	14	. . .
(c)	3	7	11	15	. . .
(d)	4	8	12	16	. . .

les 4 séries résultantes (a), (b), (c), (d), dont les termes sont en progression arithmétique, peuvent fournir, comme nous le savons, les éléments de carrés magiques de racine x quelconque.

Elles présentent, en outre, pour un même nombre de termes correspondants, la particularité qu'indique la relation

$$\Sigma_n(b)+\Sigma_n(c)=\Sigma_n(a)+\Sigma_n(d).$$

Supposons $n=2k$.

Le carré magique formé avec les nombres 1, 2, 3, ..., $4k^2$ a pour constante

$$c=n\frac{(n^2+1)}{2}=k(4k^2+1).$$

Formons le tableau des 4 progressions (a), (b), (c), (d) avec les nombres 1, 2, 3, ..., $4k^2$:

(a)	1	5	9	. . . .	$(4k^2-3)$,
(b)	2	6	10	. . . .	$(4k^2-2)$,
(c)	3	7	11	. . . .	$(4k^2-1)$,
(d)	4	8	12	. . . .	$4k^2$.

Ces progressions contiennent chacune k^2 termes et peuvent servir à la construction de 4 carrés magiques de racine k dont les constantes sont respectivement :

$$c_a=k(2k^2-1),$$
$$c_b=k(2k^2),$$
$$c_c=k(2k^2+1),$$
$$c_d=k(2k^2+2).$$

Supposons formés, *avec la même loi de construction*, les 4 carrés magiques en question.

Ces carrés, par construction, présenteront, dans chaque groupe de 4 cases correspondantes, les 4 nombres :

1 2 3 4

ou

$$5 \quad 6 \quad 7 \quad 8$$

$$\cdot \quad \cdot \quad \cdot \quad \cdot$$

ou

$$(4k^2-3)(4k^2-2)(4k^2-1)(4k^2).$$

Il en résulte qu'en les assemblant comme l'indique la figure 236, les

Fig. 236.

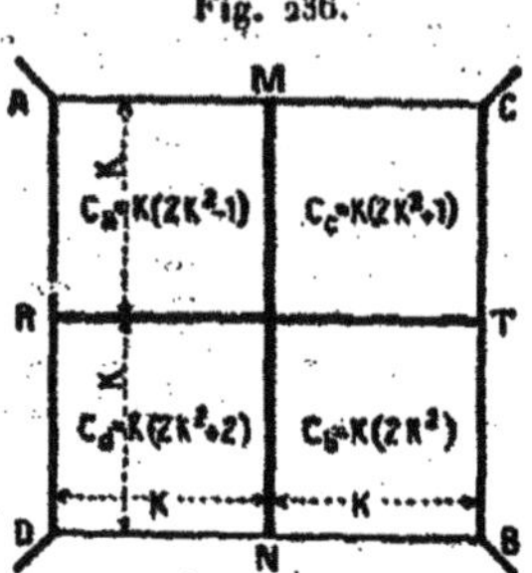

4 nombres, de même rang, des progressions originelles (a), (b), (c), (d) se trouvent placés aux 4 angles d'un carré de $(k+1)$ cases de côté et de telle sorte que, pour chaque groupe de 4, la somme des 2 nombres situés dans les quartiers A et D égale la somme des 2 autres situés dans les quartiers C et D.

La figure 23. est ce que nous avons appelé un *carré guide* (les carrés guides se distingueront dans nos figures par 4 petits traits aux angles, parallèles aux diagonales) constitué par 4 carrés magiques de racine k, *de même nature*, et présentant cette particularité que, l'unité se trouvant dans le carré A, les nombres de C ne sont autres que ceux de A augmentés de 2; ceux de B : ceux de A augmentés de 1; ceux de D : ceux de A augmentés de 3.

Constatons que notre carré guide possède déjà la *magie verticale*

$$k(2k^2-1)+k(2k^2+2)=k(2k^2+1)+k(2k^2)=k(4k^2+1)=c.$$

Remarquons maintenant que

$$k(4k^2+1)-[k(2k^2-1)+k(2k^2+1)]=k,$$

c'est-à-dire qu'il manque à chaque ligne (A + C) de n cases de la première moitié du carré guide (au-dessus de RT) la quantité k pour avoir la valeur de la constante C et que

$$[k(2k^2+2)+k(2k^2)]-k(4k^2+1)=k,$$

c'est-à-dire qu'il y a en trop, à chaque ligne (D + B), de n cases de la seconde moitié du carré guide (en dessous de RT), la quantité k pour qu'elle ait la même valeur que la constante C.

En résumé, le carré guide de la figure 236 deviendrait *semi-magique* si, au moyen de permutations de nombres, faites sans détruire la magie verticale, on pouvait donner à chacune de ses k lignes horizontales supérieures une valeur supplémentaire k empruntée précisément aux k lignes horizontales inférieures, ce qui est possible étant donnée la composition des 4 carrés composants.

Considérons en effet 4 nombres d'un groupe élémentaire

$$\alpha \quad \alpha+1 \quad \alpha+2 \quad \alpha+3.$$

Nous savons qu'ils se présentent ainsi (*fig.* 237) :

Fig. 237.

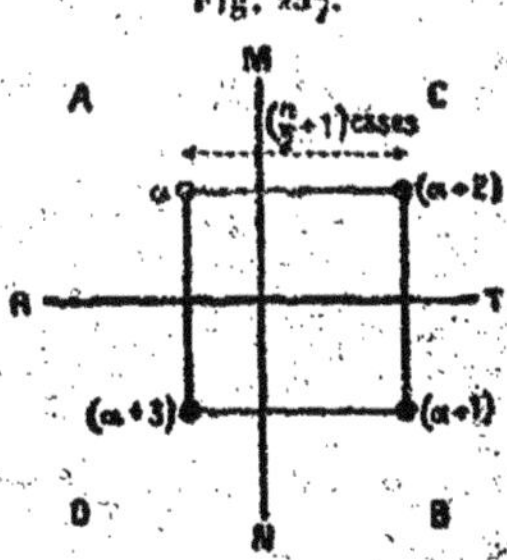

Des substitutions du genre $(\alpha+3)$ à (α) d'une part, $(\alpha+1)$ à $(\alpha+2)$ d'autre part, qui ne peuvent modifier la magie verticale, combinées de façon convenable, peuvent précisément, dans tous les cas, produire le résultat désiré.

k impair, nous aurons toujours

$$k = 3\frac{(k-1)}{2} - 1\frac{(k-3)}{2};$$

par conséquent, si l'on permute les nombres situés dans $\frac{k-1}{2}$ cases d'une même ligne de D avec ceux des $\frac{k-1}{2}$ cases correspondantes de A en même temps que ceux de $\frac{k-3}{2}$ cases de la même horizontale de B avec ceux des $\frac{k-3}{2}$ cases correspondantes de C, et cela *pour toutes les horizontales*

$(D + B)$ et $(A + C)$, par groupes de 2 correspondantes, le carré guide (*fig.* 236) deviendra semi-magique.

k pair, il faudrait faire une correction analogue en remarquant que

$$k = 3\frac{k}{2} - 1\frac{k}{2}$$

et modifier alors, sur chaque ligne et dans chaque quartier, $\frac{k}{2}$ cases.

Avant d'aller plus loin et de voir ce qu'il conviendra de faire pour modifier les diagonales dans le sens convenable, nous remarquerons que les modifications totales nécessaires à la transformation du « carré guide » en carré semi-magique correspondent *suivant que k est pair ou impair* à la permutation entre D et A d'un nombre de cases égal à $k\frac{k}{2}$ ou $k\left(\frac{k-1}{2}\right)$ formant, par exemple, *dans une disposition particulière* $\frac{k}{2}$ ou $\frac{k-1}{2}$ bandes verticales complètes d'un de ces carrés composants, et à la permutation de $k\frac{k}{2}$ ou $k\frac{k-3}{2}$ cases entre B et C qui peuvent être aussi, en particulier, celles de $\frac{k}{2}$ ou $\frac{k-3}{2}$ bandes verticales complètes d'un de ces 2 carrés.

Le tableau qui suit indique l'importance des permutations nécessaires pour différentes valeurs de n.

VALEUR de $n = 2k$.		RACINES pairement paires.		RACINES impairement paires.	
n.	k.	à gauche $\frac{k}{2}$.	à droite $\frac{k}{2}$.	à gauche $\frac{k-1}{2}$.	à droite $\frac{k-3}{2}$.
6	3			1	0
8	4	2	2		
10	5			2	1
12	6	3	3		
14	7			3	2
16	8	4	4		
18	9			4	3
20	10	5	5		
22	11			5	4

Notons en passant la règle suivante pour composer et écrire immédiatement un carré semi-magique de racine paire $n = 2k$:

Assembler, en les écrivant successivement de gauche à droite, deux en haut, deux en bas, quatre carrés magiques de k^2 cases chacun, formés sur le même modèle avec les progressions

(*a*)	1 5 9 13 . . . . . . $4k^2 - 3$
(*c*)	3 7 11 15 . . . . . . $4k^2 - 2$
(*b*)	2 6 10 14 . . . . . . $4k^2 - 1$
(*d*)	4 8 12 16 . . . . . . $4k^2$

En ayant soin d'une part, suivant que k est pair ou impair, d'augmenter de 3 unités $\frac{k}{2}$ ou $\frac{k-1}{2}$ nombres pris à volonté dans chaque ligne du premier carré et de diminuer de 3 unités les nombres correspondants du quatrième ; d'autre part de diminuer de 1, $\frac{k}{2}$ ou $\frac{k-3}{2}$ nombres pris à volonté dans chaque ligne du deuxième carré et d'augmenter de 1 les nombres correspondants du troisième.

Ainsi, à l'aide du carré de 5 de la méthode expéditive (*fig.* 224) on peut, partant du carré guide obtenu comme il a été dit (*fig.* 238) sans

Fig. 238.

A, C, D, B

65	93	1	29	57	67	95	3	31	59
89	17	25	53	81	91	19	27	55	63
13	21	49	77	85	15	23	51	79	87
37	45	73	81	9	39	47	75	83	11
41	69	97	5	33	43	71	99	7	35
88	96	4	32	60	66	94	2	30	58
92	20	28	56	64	90	18	26	54	62
16	24	52	80	88	14	22	50	78	86
40	48	76	84	12	38	46	74	82	10
44	72	100	8	36	42	70	98	6	34
1	2	3	4	5	6	7	8	9	10

même l'écrire, avec un peu d'habitude, composer un très grand nombre de carrés semi-magiques de racine $n = 10$ par exemple, par la permutation, d'une part, de deux colonnes complètes du quartier D avec les deux correspondantes de A et, d'autre part, d'une du quartier B avec la correspondante de C.

Le carré semi-magique de la figure 239 résulte des permutations

Colonnes 2 et 4 de D pour colonnes 2 et 4 de A,
Colonne 8 de B pour colonne 8 de C,

et celui de la figure 240 des permutations

Colonnes 1 et 2 de D pour colonnes 1 et 2 de A,
Colonne 6 de B pour colonne 6 de C.

Fig. 239.

C=505 (diagonales : 508 ; 502)

65	96	1	32	57	67	95	2	31	59
89	20	25	56	61	91	19	26	55	63
13	24	49	80	85	15	23	50	79	87
37	48	73	84	9	39	47	74	83	11
41	72	97	8	33	43	71	98	7	35
68	93	4	29	60	66	94	3	30	58
92	17	28	53	64	90	18	27	54	62
16	21	52	77	88	14	22	51	78	86
40	45	76	81	12	38	46	75	82	10
44	69	100	5	36	42	70	99	6	34

Fig. 240.

C=505 (diagonales : 508 ; 502)

68	96	1	29	57	66	95	3	31	59
92	20	25	53	61	90	19	27	55	63
16	24	49	77	85	14	23	51	79	87
40	48	73	81	9	38	47	75	83	11
44	72	97	5	33	42	71	99	7	35
65	93	4	32	60	67	94	2	30	58
89	17	28	56	64	91	18	26	54	62
13	21	52	80	88	15	22	50	78	86
37	45	76	84	12	39	46	74	82	10
41	69	100	8	36	43	70	98	6	34

Pour cette disposition spéciale des permutations *affectant des bandes complètes* comme on peut choisir deux bandes à gauche de

$$({}^1)\,C_5^2 = \frac{1.2.3.4.5}{1.2(1.2.3)} = 10 \text{ manières différentes}$$

et une bande à droite de $C_5^1 = 5$ manières différentes, on voit que le carré

---

(1) C_m^n combinaisons de m objets pris n à $n = \frac{1.2.3\ldots m}{1.2\ldots n(1.2.3\ldots m-n)}$.

guide (*fig.* 238) peut conduire pour ce seul cas particulier à

$$10 \times 5 = 50 \text{ variantes du carré semi-magique.}$$

Comme ce carré guide lui-même peut s'écrire de huit manières différentes, puisqu'on peut, à volonté, donner à ses quartiers composants, *toujours sur le même modèle*, huit aspects divers (positions de rotation et symétrie), on est conduit à entrevoir déjà pour un seul genre particulier

$$8 \times 50 = 400 \text{ dispositions.}$$

Ces 400 dispositions pouvant, en outre, prendre chacune, pour la même raison, 8 positions différentes.

Le nombre total des dispositions auxquelles pourrait conduire l'application de notre méthode à un seul type de carré guide pour $n = 10$ est d'ailleurs facile à évaluer.

En effet, il est possible de modifier deux nombres à la fois sur les cinq lignes horizontales des quartiers « gauche » de

$$(C_5^2)^5 = \left[\frac{1.2.3.4.5}{1.2.(1.2.3)}\right]^5 = 10^5 = 100000 \text{ manières différentes}$$

et de modifier un nombre à la fois sur les cinq lignes horizontales des quartiers « droite » de

$$(C_5^1)^5 = 5^5 = 3125 \text{ manières différentes.}$$

Le nombre de carrés semi-magiques (parmi lesquels ceux devenus carrés magiques, comme nous allons le voir) résultant de toutes les combinaisons possibles est par suite égal à

$$3125 \times 100000 = 312500000,$$

nombre qui peut être porté à $8 \times 312500000 = 2500000000$ par les huit transpositions du carré guide d'après celles des quartiers et enfin à $8 \times 2500000000 = 20000000000$ en faisant prendre à chacun de ces derniers ses huit positions possibles.

Pour $n = 6$, $k = 3$, ces nombres se réduisent à

$$3^3 = 27, \quad 8 \times 27 = 216, \quad 8 \times 216 = 1728.$$

Les figures 241 à 267 représentent, pour cette racine, les 27 positions des trois nombres à modifier dans les quartiers « gauche ».

Fig. 241. Fig. 242. 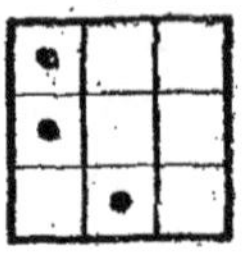 Fig. 243. 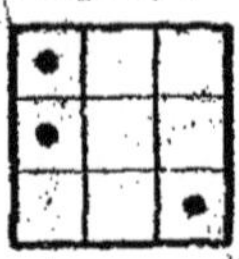 Fig. 244.

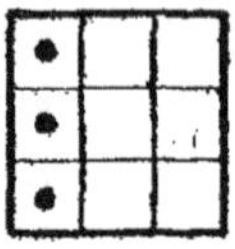

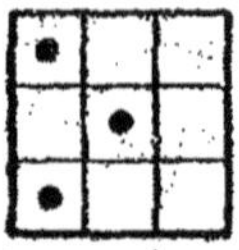

Fig. 245. 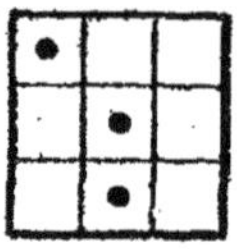 Fig. 246. 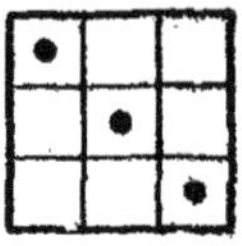 Fig. 247. 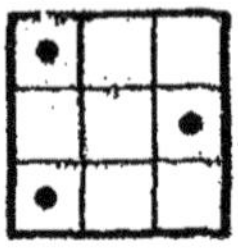 Fig. 248.

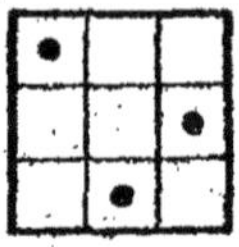

Fig. 249. 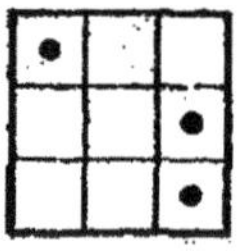 Fig. 250. 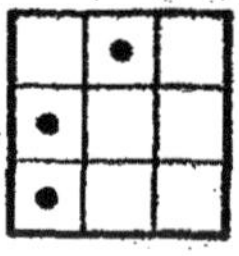 Fig. 251. 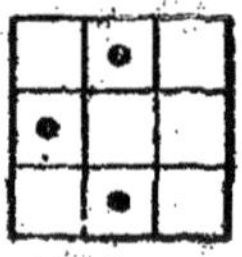 Fig. 252.

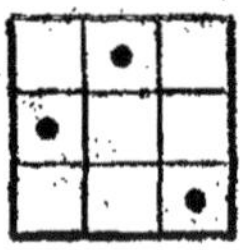

Fig. 253. 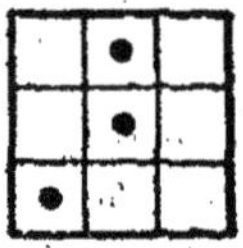 Fig. 254. 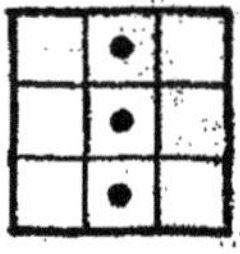 Fig. 255. 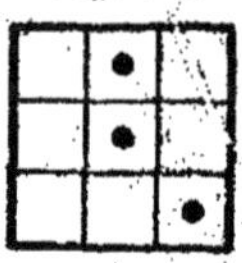 Fig. 256.

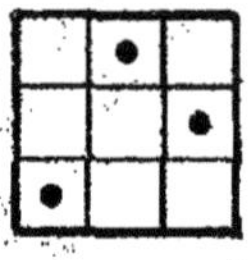

Fig. 257. 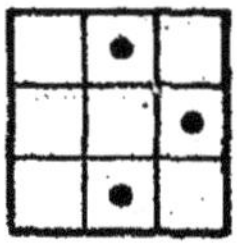 Fig. 258. 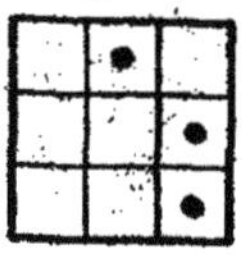 Fig. 259. 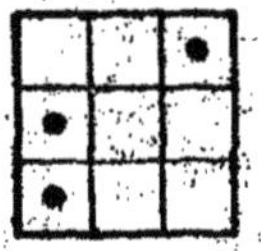 Fig. 260.

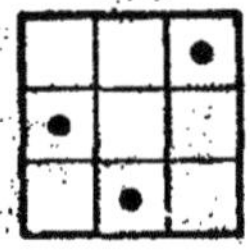

Fig. 261. 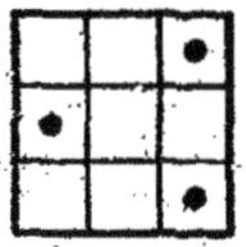 Fig. 262. 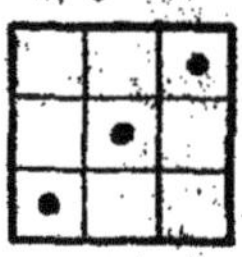 Fig. 263. 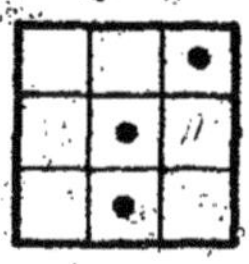 Fig. 264.

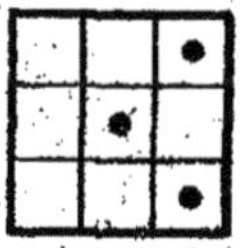

Fig. 265. 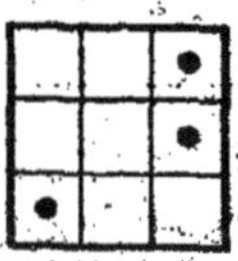 Fig. 266. 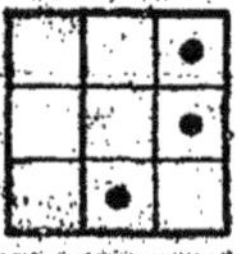 Fig. 267.

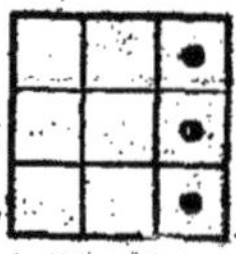

Poursuivons l'étude du carré magique régulier de racine $n = 2k$.

Il ne s'agit plus maintenant, pour arriver à la magie complète, que de donner, si possible, aux diagonales les propriétés nécessaires sans modifier la semi-magie obtenue par transformation du « carré guide ».

Le Tableau d'assemblage ou « carré guide » de la figure 236 montre que la diagonale DC est égale à

$$k(2k^2+2)+k(2k^2+1)=k(4k^2+3),$$

qu'elle est par conséquent supérieure de

$$k(4k^2+3)-k(4k^2+1)=2k$$

à ce qu'elle devrait être dans le carré magique de racine $n = 2k$ et qu'il manque, au contraire, à la diagonale AB égale à

$$k(2k^2-1)+k(2k^2)=k(4k^2-1),$$

la valeur

$$k(4k^2+1)-k(4k^2-1)=2k,$$

pour remplir les mêmes conditions.

Or, pour k pair

(1) $$2k=3\frac{k}{2}+\frac{k}{2},$$

pour k impair

(2) $$2k=3\frac{(k+1)}{2}+1\frac{(k-3)}{2}.$$

Il ressort des égalités (1) et (2) que, si l'on permute sur une diagonale, suivant que k est pair ou impair, les nombres situés dans $\frac{k}{2}$ ou $\frac{k+1}{2}$ cases appartenant aux carrés « gauche » et ceux de $\frac{k}{2}$ ou $\frac{k-3}{2}$ cases appartenant aux carrés « droite » avec les nombres convenables de l'autre diagonale, on aura rectifié dans le sens voulu ces deux lignes en les amenant à la valeur de la constante $C = k(4k^2+1)$.

Or, les modifications nouvelles à faire subir au carré guide, dans ce but, peuvent être le résultat connexe de celles relatives aux lignes horizontales, si le choix des nombres qu'on fait permuter dans ce but est judicieux.

Remarquons d'abord, pour ce qui concerne la moitié droite du carré guide à transformer, que, en particulier, la permutation pure et simple de $\frac{k}{2}$ ou $\frac{k-3}{2}$ colonnes correspondantes des deux quartiers suffit à tout, puisque $\frac{k}{2}$ ou $\frac{k-3}{2}$ colonnes affectent forcément $\frac{k}{2}$ ou $\frac{k-3}{2}$ cases de la partie droite de chacune des diagonales.

Pour la moitié gauche, une remarque analogue montre que la condition nécessaire est remplie pour k pair par la modification préalable des $\frac{k}{2}$ colonnes; pour k impair, les permutations nécessaires sur les $k\frac{(k-1)}{2}$ cases de $\frac{k-1}{2}$ colonnes n'affecteraient que $\frac{k-1}{2}$ cases sur chaque tronçon de diagonale au lieu de $\frac{k+1}{2}$ nécessaires.

Mais il est facile de concevoir une disposition (il en existe d'ailleurs un grand nombre différentes) qui, tout en maintenant la valeur des permutations totales nécessaires à celle de $\frac{k-1}{2}$ colonnes, modifie une case en plus sur chaque diagonale.

Les figures schématiques 268, 269 indiquent par exemple deux disposi-

Fig. 268.

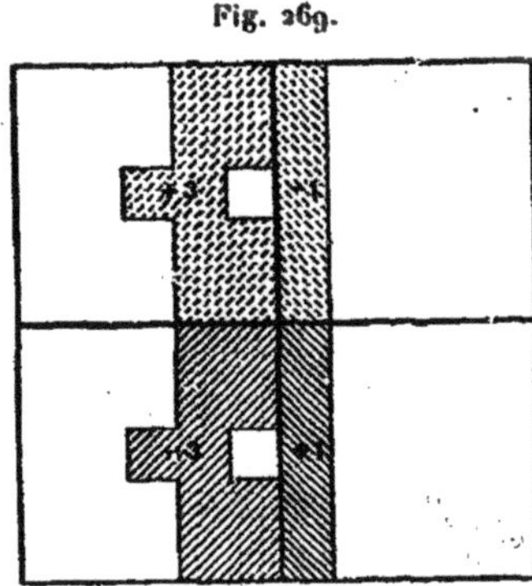

Fig. 269.

tions de cases à modifier (celles hachurées) satisfaisant à toutes les conditions nécessaires pour transformer un « carré guide » en carré magique, quel que soit n de la forme $n = 2k$ (k impair).

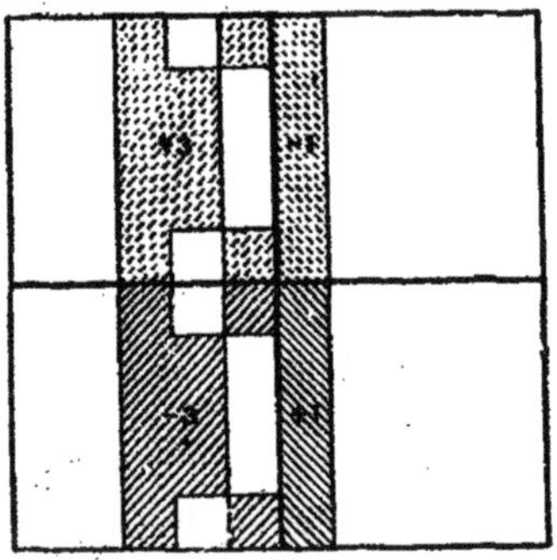

Elles sont tracées en réalité pour montrer, immédiatement, une application au carré de racine $n = 2 \times 5 = 10$.

Il est évident qu'on peut varier les dispositions convenables dans les quartiers de gauche et dans les quartiers de droite de quantités de manières et obtenir, à volonté, un nombre considérable de carrés magiques différents de la même racine.

En résumé, on peut donc composer un grand nombre de carrés magiques de racine paire, en particulier impairement paire, au moyen de la règle suivante exprimant notre *méthode du carré guide.*

Règle: Assembler, en les écrivant successivement de gauche à droite, deux en haut, deux en bas, quatre carrés magiques de k^2 cases chacun, formés sur le même modèle avec les progressions

(*a*)	1 5 9 13 . . . . $4k^2-3$
(*c*)	3 7 11 15 . . . . $4k^2-2$
(*b*)	2 6 10 14 . . . . $4k^2-1$
(*d*)	4 8 12 16 . . . . $4k^2$

en ayant soin, d'une part, suivant que k est pair ou impair, d'augmenter de 3 unités $k\frac{(k)}{2}$ *ou* $k\frac{(k-1)}{2}$ *nombres du premier carré pris à volonté en nombre de* $\frac{k}{2}$ *ou* $\frac{k-1}{2}$ *sur chaque ligne, mais de façon que* $\frac{k}{2}$ *ou* $\frac{k+1}{2}$ *soient situés sur chaque diagonale; de diminuer de 3 unités les nombres correspondants du quatrième carré — d'autre part de diminuer de 1,* $k\frac{(k)}{2}$ *ou* $k\frac{(k-3)}{2}$ *nombres du deuxième carré pris à volonté en nombre de* $\frac{k}{2}$ *ou* $\frac{k-3}{2}$ *sur chaque ligne, mais de façon que* $\frac{k}{2}$ *ou* $\frac{k-3}{2}$ *soient situés sur chaque diagonale; d'augmenter de 1 les nombres correspondants du troisième carré.*

Ainsi, le « carré guide » pour $n = 2 \times 5 = 10$ du type de la figure 238 conduit, convenablement modifié, d'après les indications des diagrammes figures 268, 269, aux deux carrés magiques semi-diaboliques figures 270, 271 dans lesquels les nombres modifiés par $+3$ ou -3, $+1$ ou -1 sont écrits en caractères spéciaux.

Connaissant la règle qui précède et les méthodes expéditives, ou tout autre procédé graphique simple, si l'on fait choix par la pensée d'une disposition quelconque, mais convenable, des permutations à réaliser dans chaque cas particulier, on pourra écrire immédiatement, sans pré-

Fig. 270.

65	93	***4***	29	***60***	***66***	95	3	31	59
89	17	***28***	***56***	61	***90***	19	27	55	63
13	21	***52***	***80***	85	***14***	23	51	79	87
37	45	***76***	***84***	9	***38***	47	75	83	11
41	69	***100***	5	***36***	***42***	71	99	7	35
68	96	***1***	32	***57***	***67***	94	2	30	58
92	20	***25***	***53***	64	***91***	18	26	54	62
16	24	***49***	***77***	88	***15***	22	50	78	86
40	48	***73***	***81***	12	***39***	46	74	82	10
44	72	***97***	8	***33***	***43***	70	98	6	34

Fig. 271.

65	93	1	***32***	***60***	***66***	95	3	31	59
89	17	25	***56***	***64***	***90***	19	27	55	63
13	21	***52***	***80***	85	***14***	23	51	79	87
37	45	73	***84***	***12***	***38***	47	75	83	11
41	69	97	***8***	***36***	***42***	71	99	7	35
68	96	4	***29***	***57***	***67***	94	2	30	58
92	20	28	***53***	***61***	***91***	18	26	54	62
16	24	***49***	***77***	88	***15***	22	50	78	86
40	48	76	***81***	***9***	***39***	46	74	82	10
44	72	100	***5***	***33***	***43***	70	98	6	34

paration, un carré magique de n'importe quelle grandeur, de racine paire $N = 2k$, k étant pair ou impair.

Les carrés construits par cette méthode sont tous semi-diaboliques; il est facile d'en comprendre la raison.

Pour $n = 6$, $k = 3$.

Le système des quatre progressions composantes est le suivant :

$$
\text{A (1}^{\text{re}}\text{ forme).}\quad
\left\{
\begin{array}{ccccccccc}
1 & 5 & 9 & 13 & 17 & 21 & 25 & 29 & 33 \\
3 & 7 & 11 & 15 & 19 & 23 & 27 & 31 & 35 \\
2 & 6 & 10 & 14 & 18 & 22 & 26 & 30 & 34 \\
4 & 8 & 12 & 16 & 20 & 24 & 28 & 32 & 36
\end{array}
\right.
$$

Nous l'avons appelé A (1re forme), car il est possible, cette remarque est d'ailleurs générale, d'en réaliser d'autres jouissant de propriétés analogues et capables d'engendrer de nouvelles familles de carrés magiques.

Le nombre de ces systèmes dépend uniquement de k ou, plus exactement, des relations que doivent avoir entre eux les nombres composants du carré magique de racine k (*Propriétés arithmétiques et algébriques*, IIe partie, Chap. Ier).

Les deux suivants s'appliquent encore à $n = 6$:

B (2e forme).	1 2 3	13 14 15	25 26 27
	7 8 9	19 20 21	31 32 33
	4 5 6	16 17 18	28 29 30
	10 11 12	22 23 24	34 35 36

C (3e forme).	1	2	3	4	5	6	7	8	9
	19	20	21	22	23	24	25	26	27
	10	11	12	13	14	15	16	17	18
	28	29	30	31	32	33	34	35	36

Comme le carré de 3 est unique, nous n'avons pas le choix pour la structure à donner aux carrés guides.

Aux systèmes A, B, C correspondent respectivement les carrés guides figures 272, 273, 274 :

Fig. 272.

A (1ère forme)

29	1	21	31	3	23
9	17	25	11	19	27
13	33	5	15	35	7
32	4	24	30	2	22
12	20	28	10	18	26
16	36	8	14	34	6

Fig. 273.

B (2ème forme)

26	1	15	32	7	21
3	14	25	9	20	31
13	27	2	19	33	8
35	10	24	29	4	18
12	23	34	6	17	28
22	36	11	16	30	5

Fig. 274.

C (3ème forme)

8	1	6	26	19	24
3	5	7	21	23	25
4	9	2	22	27	20
35	28	33	17	10	15
30	32	34	12	14	16
31	36	29	13	18	11

Les valeurs de correction qui doivent transformer ces « carrés guides » en carrés magiques ne sont naturellement pas les mêmes pour les trois types; elles sont :

	A.	B.	C.
Pour les lignes	3	9	27
Pour les diagonales.......	6	18	54

Les trois types pourraient d'ailleurs, comme nous le savons, engendrer chacun 7 autres variantes utilisables (par rotation et symétrie simultanées des quartiers).

Nous donnons seulement ci-après les 7 autres du système A, figures 275 à 281 :

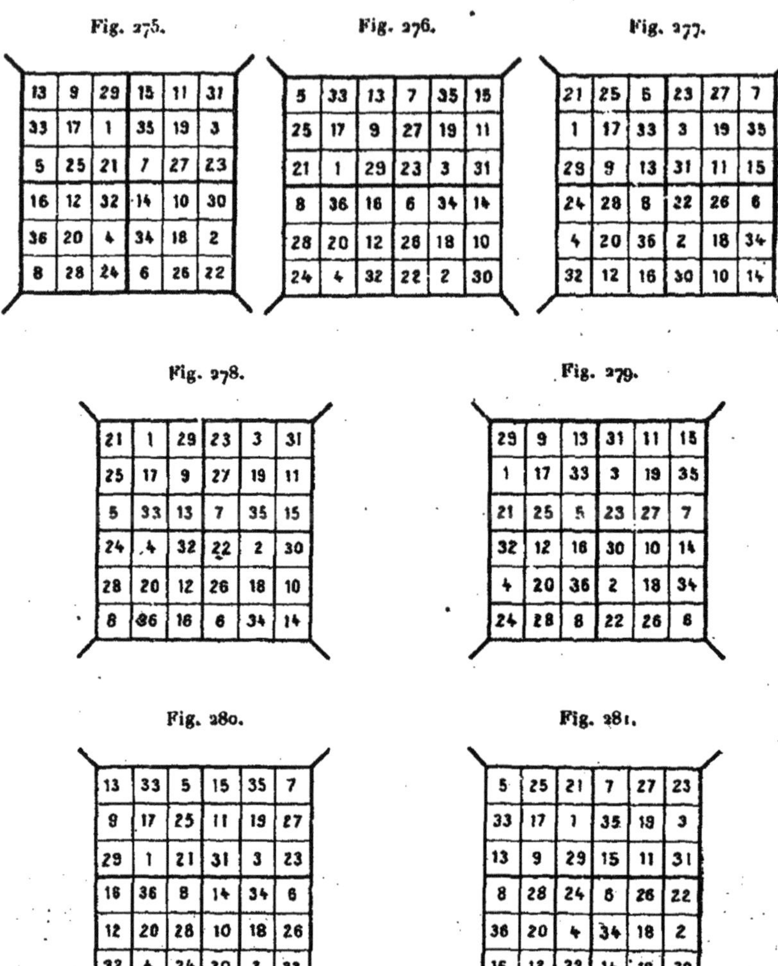

Fig. 275.

13	9	29	15	11	31
33	17	1	35	19	3
5	25	21	7	27	23
16	12	32	14	10	30
36	20	4	34	18	2
8	28	24	6	26	22

Fig. 276.

5	33	13	7	35	15
25	17	9	27	19	11
21	1	29	23	3	31
8	36	16	6	34	14
28	20	12	26	18	10
24	4	32	22	2	30

Fig. 277.

21	25	5	23	27	7
1	17	33	3	19	35
29	9	13	31	11	15
24	28	8	22	26	6
4	20	36	2	18	34
32	12	16	30	10	14

Fig. 278.

21	1	29	23	3	31
25	17	9	27	19	11
5	33	13	7	35	15
24	4	32	22	2	30
28	20	12	26	18	10
8	36	16	6	34	14

Fig. 279.

29	9	13	31	11	15
1	17	33	3	19	35
21	25	5	23	27	7
32	12	16	30	10	14
4	20	36	2	18	34
24	28	8	22	26	6

Fig. 280.

13	33	5	15	35	7
9	17	25	11	19	27
29	1	21	31	3	23
16	36	8	14	34	6
12	20	28	10	18	26
32	4	24	30	2	22

Fig. 281.

5	25	21	7	27	23
33	17	1	35	19	3
13	9	29	15	11	31
8	28	24	6	26	22
36	20	4	34	18	2
16	12	32	14	10	30

Les huit carrés guides de A seulement peuvent, comme nous l'avons vu (*fig.* 241 à 267), donner lieu à $8 \times 27 = 216$ transpositions semi-magiques, parmi lesquelles $2 \times 8 = 16$, celles engendrées par les diagrammes figures 244 et 264 sont carrés magiques.

Nous les donnons ci-après (*fig.* 282 à 297) :

Fig. 282.

32	1	21	31	3	23
9	**20**	25	11	19	27
16	33	5	15	35	7
29	4	24	30	2	22
12	**17**	28	10	18	26
13	36	8	14	34	6

Fig. 283.

29	1	**24**	31	3	23
9	**20**	25	11	19	27
13	33	**8**	15	35	7
32	4	**21**	30	2	22
12	**17**	28	10	18	26
16	36	**5**	14	34	6

Fig. 284.

16	9	29	15	11	31
33	**20**	1	35	19	3
8	25	21	7	27	23
13	12	32	14	10	30
36	**17**	4	34	18	2
5	28	24	6	26	22

Fig. 285.

13	9	**32**	15	11	31
33	**20**	1	35	19	3
5	25	**16**	7	27	23
16	12	**29**	14	10	30
36	**17**	4	34	18	2
8	28	**21**	6	26	22

Fig. 286.

8	33	13	7	35	15
25	**20**	9	27	19	11
24	1	29	23	3	31
5	36	16	6	34	14
28	**17**	12	26	18	10
21	4	32	22	2	30

Fig. 287.

5	33	**16**	7	35	15
25	**20**	9	27	19	11
21	1	**32**	23	3	31
8	36	**13**	6	34	14
28	**17**	12	26	18	10
24	4	**29**	22	2	30

Fig. 288.

24	25	5	23	27	7
1	**20**	33	3	19	35
32	9	13	31	11	15
21	28	8	22	26	6
4	**17**	36	2	18	34
29	12	16	30	10	14

Fig. 289.

21	25	**8**	23	27	7
1	**20**	33	3	19	35
29	9	**16**	31	11	15
24	28	**5**	22	26	6
4	**17**	36	2	18	34
32	12	**13**	30	10	14

Fig. 290.

24	1	29	23	3	31
25	**20**	9	27	19	11
8	33	13	7	35	15
21	4	32	22	2	30
28	**17**	12	26	18	10
5	36	16	6	34	14

Fig. 291.

21	1	**32**	23	3	31
25	**20**	9	27	19	11
5	33	**16**	7	35	15
24	4	**29**	22	2	30
28	**17**	12	26	18	10
8	36	**13**	6	34	14

Fig. 292.

32	9	13	31	11	15
1	**20**	33	3	19	35
24	25	5	23	27	7
29	12	16	30	10	14
4	**17**	36	2	18	34
21	28	8	22	26	6

Fig. 293.

29	9	**16**	31	11	15
1	**20**	33	3	19	35
21	25	**8**	23	27	7
32	12	**13**	30	10	14
4	**17**	36	2	18	34
24	28	**5**	22	26	6

Fig. 294.

16	33	5	15	35	7
9	**20**	25	11	19	27
32	1	21	31	3	23
13	36	8	14	34	6
12	**17**	28	10	18	26
29	4	24	30	2	22

Fig. 295.

13	33	**8**	15	35	7
9	**20**	25	11	19	27
29	1	**24**	31	3	23
16	36	**5**	14	34	6
12	**17**	28	10	18	26
32	4	**21**	30	2	22

Fig. 296.

8	25	21	7	27	23
33	**20**	1	35	19	3
16	9	29	15	11	31
5	28	24	6	26	22
36	**17**	4	34	18	2
13	12	32	14	10	30

Fig. 297.

5	25	**24**	7	27	23
33	**20**	1	35	19	3
13	9	**32**	15	11	31
8	28	**21**	6	26	22
36	**17**	4	34	18	2
16	12	**29**	14	10	30

Les carrés guides B et C engendreraient de même chacun 16 carrés magiques différents :

Fig. 298.

35	1	15	32	7	21
3	**23**	25	9	20	31
22	27	2	19	33	8
26	10	24	29	4	18
12	**14**	34	6	17	28
13	36	11	16	30	5

Fig. 299.

26	1	**24**	32	7	21
3	**23**	25	9	20	31
13	27	**11**	19	33	8
35	10	**15**	29	4	16
12	**14**	34	6	17	28
22	36	**2**	18	30	5

Fig. 300.

35	1	6	26	19	24
3	**32**	7	21	23	25
31	9	2	22	27	20
8	28	33	17	10	15
30	**5**	34	12	14	16
4	36	29	13	18	11

Fig. 301.

8	1	**33**	26	19	24
3	**32**	7	21	23	25
4	9	**29**	22	27	20
35	28	**5**	17	10	15
30	**5**	34	12	14	16
31	36	**2**	13	18	11

Les figures 298, 299, d'une part, 300, 301, d'autre part, sont les premiers carrés magiques de chacune de ces deux familles.

Pour $n=10$, $k=5$.

Nous pourrions raisonner de façon semblable d'abord sur le système de progressions qui nous a servi de base pour l'établissement de la méthode, en outre sur deux autres faciles à établir.

Un carré guide quelconque étant construit comme il a été dit, il s'agit de faire permuter $\frac{k-1}{2}=2$ nombres par ligne des quartiers de gauche, en même temps que $\frac{k+1}{2}=3$ sur chaque diagonale; et $\frac{k-3}{2}=1$ par ligne et diagonale des quartiers de droite.

Le total des combinaisons possibles pour satisfaire les permutations à gauche est de 5472 et à droite de 432.

Par conséquent, l'application de la *méthode du carré guide* peut conduire, pour cette racine, à $5472\times432=2363904$ carrés magiques, d'après une seule forme d'un seul type de carré guide.

Nous avons déjà donné (*fig.* 270, 271) deux carrés de racine $n=10$ construits par cette méthode.

Il nous a paru intéressant de multiplier les exemples pour les carrés de racine *impairement paire* par les figures 302 $n=14$, 303 $n=18$, 304 $n=22$, 305 $n=26$.

Enfin, pour les carrés de racine *pairement paire*, par les figures 306 $n=12$, 307 $n=16$, 308 $n=20$, 309 $n=24$.

Tous ces carrés dérivent de *carrés guides* dont les données sont indiquées en tête de chacun d'eux. Les nombres sur lesquels ont porté les permutations sont écrits en caractères spéciaux.

$n = 14;\qquad \sigma = 1379.$

Quartiers du *carré guide* construits sur le type du diabolique figure 201, avec les progressions système B :

(a) 1 2 ... 7 29 30 ... 35 57 58 ... 63 85 86 ... 91 113 114 ... 119 141 142 ... 147 169 170 ... 175
(b) 8 9 ... 14 36 37 ... 42 64 65 ... 70 92 93 ... 98 120 121 ... 126 148 149 ... 154 176 177 ... 182
(c) 15 16 ... 21 43 44 ... 49 71 72 ... 77 99 100 ... 105 127 128 ... 133 155 156 ... 161 183 184 ... 185
(d) 22 23 ... 28 50 51 ... 56 78 79 ... 84 106 107 ... 112 134 135 ... 140 162 163 ... 168 190 191 ... 196

$$\frac{k-1}{2} = 3,\quad \frac{k+1}{2} = 4;\qquad \frac{k-3}{2} = 2.$$

Fig. 302.

63	144	29	138	28	90	192	70	151	43	131	16	104	185
114	6	87	196	81	162	33	121	13	101	189	74	155	47
172	57	145	51	139	24	91	179	64	159	44	132	17	105
34	115	7	109	190	82	142	41	122	21	102	183	75	158
85	173	58	167	52	140	4	92	180	72	160	45	133	18
143	35	116	22	110	191	62	150	42	130	15	103	184	76
5	86	174	80	168	32	134	12	93	188	73	161	46	127
84	165	50	177	2	111	171	77	158	36	124	9	97	178
135	27	108	175	60	141	54	128	20	94	182	67	148	40
193	78	166	30	118	3	112	186	71	152	37	125	10	98
55	136	28	88	169	61	163	48	129	14	95	176	68	149
106	194	79	146	31	119	25	99	187	65	153	38	126	11
164	56	137	1	89	170	83	157	49	123	8	96	177	69
26	107	195	59	147	53	113	19	100	181	66	164	39	120

$$n = 18, \qquad c = 2925.$$

Quartiers du *carré guide* construits sur le type du semi-diabolique figure 210, avec les progressions système C :

$$\begin{array}{l} (a) \\ (b) \\ (c) \\ (d) \end{array} \quad \left\{ \begin{array}{llllll} 1 & 2 & 3 & 4 & \ldots & 81 \\ 82 & 83 & 84 & 85 & \ldots & 162 \\ 163 & 164 & 165 & 166 & \ldots & 243 \\ 244 & 245 & 246 & 247 & \ldots & 324 \end{array} \right.$$

$$\frac{k-1}{2} = 4, \quad \frac{k+1}{2} = 5; \qquad \frac{k-3}{2} = 3.$$

Fig. 303.

290	250	282	323	31	72	23	65	15	209	169	201	242	193	234	104	136	96
279	311	262	303	11	52	3	44	76	198	230	161	222	173	214	84	125	157
259	297	251	283	81	32	64	24	56	178	210	170	202	243	194	145	105	137
320	271	312	263	61	12	53	4	45	239	190	231	182	223	174	134	85	126
57	260	292	252	284	73	33	65	25	219	179	211	171	203	235	116	146	106
280	321	272	313	21	62	13	54	5	199	240	191	232	183	224	94	135	86
289	301	261	293	1	42	74	34	66	188	220	180	212	163	204	155	115	147
249	281	322	273	71	22	63	14	46	168	200	241	192	233	184	144	95	127
310	270	302	253	51	2	43	75	35	229	189	221	172	213	164	124	156	116
47	7	39	80	274	315	266	298	258	128	88	120	161	112	153	185	217	177
36	68	19	60	254	295	246	287	319	117	149	100	141	92	133	165	206	238
16	48	8	40	324	275	307	267	299	97	129	89	121	162	113	226	186	218
77	28	69	20	304	255	296	247	288	158	109	150	101	142	93	215	166	207
300	17	49	9	41	316	276	308	268	138	98	130	90	122	104	195	227	187
37	78	29	70	264	305	256	297	248	118	159	110	151	102	143	175	216	167
26	58	18	50	244	285	317	277	309	107	139	99	131	82	123	236	196	228
6	38	79	30	314	265	306	257	289	87	119	160	111	152	103	225	176	208
67	27	59	10	294	245	286	318	278	148	108	140	91	132	83	205	237	197

$$n = 22, \qquad \sigma = 5335$$

Quartiers du *carré guide* construits par la méthode de Bachet, avec les progressions système A :

(*a*)	1 5 9 13 … 481
(*b*)	2 6 10 14 … 482
(*c*)	3 7 11 15 … 483
(*d*)	4 8 12 16 … 484

$$\frac{k-1}{2} = 5, \quad \frac{k+1}{2} = 6; \qquad \frac{k-3}{2} = 4.$$

Fig. 304.

224	465	184	428	141	385	101	345	61	305	24	223	467	183	427	188	388	102	346	63	307	23
28	228	472	188	432	145	389	105	349	65	269	27	227	471	187	430	146	390	106	351	67	267
272	32	232	476	192	433	149	393	109	309	69	271	31	231	475	190	434	150	394	111	311	71
76	276	36	236	480	193	437	153	353	113	313	75	275	35	235	478	194	438	154	355	115	316
320	80	280	40	240	481	197	397	157	357	117	319	79	279	39	238	482	198	398	159	359	119
124	324	84	284	44	241	441	201	401	161	361	123	323	83	283	42	242	442	202	403	163	363
368	128	328	88	288	1	245	445	205	405	165	367	127	327	87	286	2	246	446	207	407	167
172	372	132	332	48	289	5	249	449	209	409	171	371	131	331	46	290	6	250	451	211	411
416	176	376	92	336	49	293	9	253	453	213	415	175	375	35	334	50	294	10	255	455	215
220	420	136	380	96	337	53	297	13	257	457	218	416	135	373	94	336	54	298	15	259	459
464	180	424	140	381	97	341	57	301	17	284	463	179	423	139	382	98	342	58	303	20	263
227	465	181	425	144	388	104	348	64	308	21	222	466	182	426	143	387	103	347	62	306	22
25	225	469	185	429	148	392	108	352	68	268	26	226	470	186	431	147	391	107	350	66	266
269	29	229	473	189	436	152	396	112	312	72	270	30	230	474	191	435	151	395	110	310	70
73	273	33	233	477	196	440	156	356	116	316	74	274	34	234	479	195	439	155	354	114	314
317	77	277	37	237	484	200	400	160	360	120	318	78	278	38	239	483	199	399	158	358	118
121	321	81	281	41	244	444	204	404	164	364	122	322	82	282	43	243	443	203	402	162	362
365	125	325	85	285	4	248	448	208	408	168	366	126	326	86	287	3	247	447	206	406	166
169	369	129	329	45	292	8	252	452	212	412	170	370	130	330	47	291	7	251	450	210	410
413	173	373	89	333	52	296	12	256	456	216	414	174	374	94	335	51	295	11	254	454	214
217	417	133	377	93	340	56	300	16	260	460	218	418	134	378	95	339	55	299	14	258	458
461	177	421	137	384	100	344	60	304	20	261	462	178	422	[illegible]	[illegible]	39	343	59	302	19	262

$n = 26, \quad c = 8801.$

Quartiers du *carré guide* construits par la méthode expéditive (racines impaires), avec les progressions système C :

$$\begin{array}{ll} (a) & 1 \quad 2 \quad 3 \quad 4 \quad \ldots \quad 169 \\ (b) & 170 \quad 171 \quad 172 \quad 173 \quad \ldots \quad 338 \\ (c) & 339 \quad 340 \quad 341 \quad 342 \quad \ldots \quad 507 \\ (d) & 508 \quad 509 \quad 510 \quad 511 \quad \ldots \quad 676 \end{array}$$

$$\frac{k-1}{2} = 6, \quad \frac{k+1}{2} = 7; \qquad \frac{k-3}{2} = 5.$$

Fig. 305.

600	675	123	138	153	168	1	523	31	46	566	[illegible]	[illegible]	262	[illegible]	292	476	491	506	339	354	369	384	399	248	260
614	629	137	152	167	13	15	537	45	60	582	597	598	276	291	306	490	505	351	353	368	383	398	413	263	261
628	643	151	166	12	14	29	551	59	74	596	611	613	290	305	320	504	350	352	367	382	397	412	427	273	275
642	657	165	11	26	28	43	565	73	88	610	612	627	304	319	334	349	364	366	381	396	411	426	441	274	289
656	671	10	25	27	42	57	579	87	102	624	626	641	318	333	179	363	365	380	395	410	425	440	455	288	303
670	516	24	39	41	56	71	593	101	116	625	640	655	332	178	193	377	379	394	409	424	439	454	456	302	317
515	530	38	40	55	70	592	607	115	130	639	654	162	177	192	207	378	393	408	423	438	453	468	470	316	331
529	544	52	54	69	84	99	621	129	131	653	668	576	191	206	221	392	407	422	437	452	467	469	484	330	176
543	558	53	68	83	98	113	535	143	145	667	513	528	205	220	222	406	421	436	451	466	481	483	498	175	190
557	572	67	82	97	112	127	549	144	159	512	527	542	219	234	236	420	435	450	465	480	482	497	343	189	204
571	573	81	96	111	126	141	563	158	4	526	541	556	233	248	250	434	449	464	479	494	[illegible]	342	357	203	218
585	587	95	110	125	140	155	484	3	18	540	555	570	247	[illegible]	264	448	463	478	493	495	341	356	371	217	232
586	601	109	124	139	154	169	509	17	32	554	569	584	[illegible]	[illegible]	278	462	477	492	507	340	355	370	385	231	246
93	108	630	645	660	675	508	16	538	553	61	76	91	[illegible]	446	461	307	322	337	170	185	200	215	230	414	429
107	122	644	659	674	520	522	30	552	567	75	90	92	445	460	475	321	336	182	184	199	214	229	244	428	430
121	136	658	673	519	521	536	44	566	581	89	104	106	459	474	489	335	181	183	198	213	228	243	258	442	444
135	150	672	518	533	535	550	58	580	595	103	105	120	473	488	503	180	195	197	212	227	242	257	272	443	458
149	164	517	532	534	549	564	72	594	609	117	119	134	487	502	[illegible]	194	196	211	226	241	256	271	286	457	472
163	9	531	546	548	563	578	86	608	623	118	133	148	501	347	362	208	210	225	240	255	270	285	287	471	486
8	23	545	547	562	577	85	100	622	637	132	[illegible]	669	346	361	376	209	224	239	254	269	284	299	301	485	500
22	37	559	561	576	591	606	114	636	638	146	161	7	360	375	390	223	238	253	268	283	298	300	315	499	345
36	51	560	575	590	605	620	128	650	652	160	6	21	374	389	391	237	252	267	282	297	312	314	329	344	359
50	65	574	589	604	619	634	142	651	666	5	20	35	388	403	405	251	266	281	296	311	313	328	174	358	373
64	66	588	603	618	633	648	156	665	511	19	34	49	402	404	419	265	280	295	310	325	327	173	188	372	387
78	80	602	617	632	647	662	157	510	525	33	48	63	416	418	433	279	294	309	324	326	172	187	202	386	401
79	94	616	631	646	661	676	2	524	539	47	62	77	417	432	447	293	308	323	338	171	186	201	216	400	415

$$n = 12, \qquad c = 870.$$

Quartiers du *carré guide* construits sur le type du semi-diabolique de la figure 282, avec les progressions système A :

$$\begin{array}{l} (a) \\ (b) \\ (c) \\ (d) \end{array} \qquad \left\{ \begin{array}{llllll} 1 & 5 & 9 & 13 & \ldots & 141 \\ 2 & 6 & 10 & 14 & \ldots & 142 \\ 3 & 7 & 11 & 15 & \ldots & 143 \\ 4 & 8 & 12 & 16 & \ldots & 144 \end{array} \right.$$

$$\frac{k}{2} = 3.$$

Fig. 306.

128	4	84	121	9	89	127	3	83	122	10	90
36	80	100	41	73	105	35	79	99	42	74	106
64	132	20	57	137	25	63	131	19	58	138	26
116	16	96	117	5	85	115	15	95	118	6	86
48	68	112	37	69	101	47	67	111	38	70	102
52	144	32	53	133	21	51	143	31	54	134	22
125	1	81	124	12	92	126	2	82	123	11	91
33	77	97	44	76	108	34	78	98	43	75	107
61	129	17	60	140	28	62	130	18	59	139	27
113	13	93	120	8	88	114	14	94	119	7	87
45	65	109	40	72	104	46	66	110	39	71	103
49	141	29	56	136	24	50	142	30	55	135	23

$n = 16, \qquad e = 2056.$

Quartiers du *carré guide* construits sur le type du diabolique figure 183, avec les progressions système B :

(a)	1 2 ... 8	33 34 ... 40	65 66 ... 72	97 98 ... 104
	129 130 ... 136	161 162 ... 168	193 194 ... 200	225 226 ... 232
(b)	9 10 ... 16	41 42 ... 48	73 74 ... 80	105 106 ... 112
	137 138 ... 144	169 170 ... 176	201 202 ... 208	233 234 ... 240
(c)	17 18 ... 24	49 50 ... 56	81 82 ... 88	113 114 ... 120
	145 146 ... 152	177 178 ... 184	209 210 ... 216	241 242 ... 248
(d)	25 26 ... 32	57 58 ... 64	89 90 ... 96	121 122 ... 128
	153 154 ... 160	185 186 ... 192	217 218 ... 224	249 250 ... 256

$$\frac{k}{2} = 4.$$

Fig. 307.

1	165	**124**	**224**	**26**	**190**	99	199	17	181	**108**	**208**	**10**	**174**	115	215
101	193	**32**	**188**	**126**	**218**	7	163	117	209	**16**	**172**	**110**	**202**	23	179
136	36	**253**	**89**	**159**	**59**	230	66	152	52	**237**	**73**	**143**	**43**	246	82
228	72	**153**	**61**	**251**	**95**	130	38	244	88	**137**	**45**	**235**	**79**	146	54
3	167	**122**	**222**	**28**	**192**	97	197	19	183	**106**	**206**	**12**	**176**	113	213
103	195	**30**	**186**	**128**	**220**	5	161	119	211	**14**	**170**	**112**	**204**	21	177
134	34	**255**	**91**	**157**	**57**	232	68	150	50	**239**	**75**	**141**	**41**	248	84
226	70	**155**	**63**	**249**	**93**	132	40	242	86	**139**	**47**	**233**	**77**	148	56
25	189	**100**	**200**	**2**	**166**	123	223	9	173	**116**	**216**	**18**	**182**	107	207
125	217	**8**	**164**	**102**	**194**	31	187	109	201	**24**	**180**	**118**	**210**	15	171
160	60	**229**	**65**	**135**	**35**	254	90	144	44	**245**	**81**	**151**	**51**	238	74
252	96	**129**	**37**	**227**	**71**	154	62	236	80	**145**	**53**	**243**	**87**	138	46
27	191	**98**	**198**	**4**	**168**	121	221	11	175	**114**	**214**	**20**	**184**	105	205
127	219	**6**	**162**	**104**	**196**	29	185	111	203	**22**	**178**	**120**	**212**	13	169
158	58	**231**	**67**	**133**	**33**	256	92	142	42	**247**	**83**	**149**	**49**	240	76
250	94	**131**	**39**	**225**	**69**	156	64	234	78	**147**	**55**	**241**	**85**	140	48

$$n = 20, \qquad c = 4010.$$

Quartiers du *carré guide* construits sur le type du semi-diabolique figure 270, avec les progressions système G :

(*a*)	1 2 3 4 … 100
(*b*)	101 102 103 104 … 200
(*c*)	201 202 203 204 … 300
(*d*)	301 302 303 304 … 400

$$\frac{k}{2} = 5.$$

Fig. 308.

65	93	4	29	60	366	395	303	331	359	165	193	104	129	160	266	295	203	231	259
89	17	28	56	61	390	319	327	355	363	189	117	128	156	161	290	219	227	255	263
13	21	52	80	85	314	323	351	379	387	113	121	152	180	185	214	223	251	279	287
37	45	76	84	9	338	347	375	383	311	137	145	176	184	109	238	247	275	283	211
41	69	100	5	36	342	371	399	307	335	141	169	200	105	136	242	271	299	207	235
68	96	1	32	57	367	394	302	330	358	168	196	101	132	157	267	294	202	230	258
92	20	25	53	64	391	318	326	354	362	192	120	125	153	164	291	218	226	254	262
16	24	49	77	88	315	322	350	378	386	116	124	149	177	188	215	222	250	278	286
40	48	73	81	12	339	346	374	382	370	140	148	173	181	112	239	246	274	282	210
44	72	97	8	33	343	370	398	306	334	144	172	197	108	133	243	270	298	206	234
365	393	304	329	360	66	95	3	31	59	265	293	204	229	260	166	195	103	131	159
389	317	328	356	361	90	19	27	55	63	289	217	228	256	261	190	119	127	155	163
313	321	352	380	385	14	23	51	79	87	213	221	252	280	285	114	123	151	179	187
337	346	376	384	309	38	47	75	83	11	237	245	276	284	209	138	147	175	183	111
341	369	400	305	336	42	71	99	7	35	241	269	300	205	236	142	171	199	107	135
368	396	301	332	357	67	94	2	30	58	268	296	201	232	257	167	194	102	130	158
392	320	325	353	364	91	18	26	54	62	292	220	225	253	264	191	118	126	154	162
316	324	349	377	388	15	22	50	78	86	216	224	249	277	288	115	122	150	178	186
340	348	373	381	312	39	46	74	82	10	240	248	273	281	212	139	146	174	182	110
344	372	397	308	333	43	70	98	6	34	244	272	297	208	233	143	170	198	106	134

$$n = 24, \qquad c = 6924.$$

Quartiers du *carré guide* construits par la méthode expéditive (racines paires, multiples de 4), avec les progressions système C :

$$\begin{array}{ll} (a) & \\ (b) & \\ (c) & \\ (d) & \end{array} \quad \left\{ \begin{array}{cccccc} 1 & 2 & 3 & 4 & \ldots & 144 \\ 145 & 146 & 147 & 148 & \ldots & 288 \\ 289 & 290 & 291 & 292 & \ldots & 432 \\ 433 & 434 & 435 & 436 & \ldots & 576 \end{array} \right.$$

$$\frac{k}{2} = 6.$$

Fig. 709.

444	566	135	9	8	570	571	5	4	142	575	433	156	278	423	287	296	282	283	293	292	430	287	145
553	455	22	124	125	451	450	128	129	15	446	564	265	167	310	412	413	163	162	416	417	309	158	276
541	467	34	112	113	463	462	116	117	27	458	552	253	179	322	400	401	178	174	404	405	313	170	264
480	530	99	43	44	534	535	41	40	106	539	469	192	242	387	333	332	244	245	329	328	394	251	187
492	518	87	57	56	522	523	53	52	94	527	481	204	230	375	345	344	234	235	341	340	382	239	193
505	503	70	76	77	499	498	80	81	63	494	516	217	215	358	384	365	211	210	368	369	351	206	228
433	515	82	64	65	511	510	68	69	75	506	504	205	227	370	352	353	223	222	356	357	363	218	216
528	482	51	93	92	486	487	89	88	58	491	517	240	194	339	381	380	198	199	377	378	346	203	229
540	470	39	105	104	474	475	101	100	46	479	529	252	182	327	393	392	186	187	389	388	334	191	241
457	551	118	28	29	547	546	32	33	111	542	468	165	253	408	316	317	259	258	320	321	399	254	180
445	563	130	16	17	559	558	20	21	123	554	456	157	275	416	304	305	271	270	308	309	411	266	168
576	434	3	141	140	438	439	137	136	10	443	565	288	146	291	429	428	150	151	425	424	298	155	277
12	134	567	431	440	136	139	437	436	574	143	1	300	422	279	153	152	426	427	149	148	286	431	289
121	23	452	556	557	19	18	560	561	447	14	132	409	311	156	268	269	307	306	272	273	159	302	420
109	35	466	544	545	31	30	548	549	459	26	120	397	323	178	256	257	319	318	260	261	171	314	408
48	98	531	477	476	102	103	473	472	538	107	37	336	386	243	189	188	388	389	185	184	250	395	325
60	86	519	489	488	90	91	485	484	526	95	49	348	374	231	201	200	378	379	197	196	238	383	337
73	71	502	508	509	67	66	512	513	495	62	84	361	359	214	220	221	355	354	224	225	207	350	372
61	83	514	496	497	79	78	500	501	507	74	72	349	371	226	208	209	367	366	212	213	219	362	360
96	50	463	525	524	54	55	521	520	490	59	85	384	338	195	237	236	342	343	233	232	202	347	373
108	38	471	537	536	42	43	533	532	478	47	97	396	326	183	249	248	330	331	245	244	190	335	385
25	119	550	460	461	115	114	464	465	543	110	36	313	407	262	172	173	403	402	176	177	255	398	324
13	131	562	448	449	127	126	452	453	555	122	24	301	419	274	160	161	415	414	164	165	267	410	312
144	2	435	573	572	6	7	569	568	442	11	133	432	290	147	285	284	294	295	281	280	154	299	421

CHAPITRE III.

FIGURES MAGIQUES DIVERSES.

Compositions magiques de différents auteurs. — Carrés magiques à enceinte ou à bordures, réguliers et irréguliers.

Les considérations générales auxquelles nous nous sommes arrêtés un instant, au Chapitre I, nous ont fait entrevoir le vaste problème consistant à suivre le jeu des nombres sur l'échiquier constitué par un réseau de cases affectant les formes les plus diverses.

Parmi les solutions répondant aux multiples conditions qu'on peut s'imposer d'avance, dans chaque cas particulier, il en est qui présentent des propriétés de magie extrêmement curieuses (*cubes magiques de Sauveur*, *cercles magiques de Franklin*, *parallélogrammes et parallélépipèdes de Violle*, etc.).

La recherche et l'étude de ces figures, en nombre considérable, n'entrent pas dans le cadre de cet Ouvrage consacré aux carrés magiques proprement dits.

En nous limitant d'ailleurs aux figures obtenues sur l'échiquier carré, il nous resterait encore beaucoup à faire pour étudier précisément toutes les particularités des solutions de chaque racine ou pour apprendre à construire, *a priori*, les unes ou les autres, car, ainsi que nous le savons, les particularités que peuvent présenter les carrés magiques sont extrêmement nombreuses.

Alors qu'ils y étaient autorisés, par le fait même, différents auteurs ont pu, dans cet ordre d'idée, donner libre cours à leur imagination pour le choix des conditions supplémentaires à imposer aux figures qu'il s'agissait de construire.

Sans parler des carrés de *Poignard* à progressions géométriques et harmoniques, *Sauveur* a imaginé de faire apparaître, à l'intérieur des carrés, des groupements de nombres spéciaux, remplissant certaines conditions et figurant des *croix*, des *châssis* de différentes formes.

Violle poursuivant cette même voie a composé aussi un grand nombre de figures du même genre mais sans grand intérêt.

Nous dirons seulement quelques mots des *carrés magiques à enceinte ou à bordures*, les plus intéressants de tous, inventés par *Frénicle* et utilisables pour la construction, en général, de tous les carrés magiques de racine > 4.

Une figure de ce genre comprend un noyau intérieur carré magique de plus petite racine et un cadre, ou enceinte, constitué par une ou plusieurs bordures; chaque bordure étant formée par deux bandes horizontales et deux bandes verticales de cases.

La propriété fondamentale de ces carrés est dès lors évidente : c'est *qu'ils ne cessent pas d'être magiques quand on leur enlève la bordure extérieure, et successivement deux, trois, etc... bordures, voire même toute l'enceinte*, jusqu'à ce qu'il ne reste plus que le carré intérieur de 9 ou de 16 cases.

On voit, de plus, qu'en partant du carré de 3 comme noyau, on pourra construire successivement, avec 1, 2, 3, ... bordures, les carrés impairs de 5, 7, 9, ..., etc.

En partant du carré de 4, avec l'addition de 1, 2, 3, ... bordures, les carrés pairs de 6, 8, 10, ..., etc.

Les carrés à bordures réguliers (*fig.* 310) se construisent de la façon suivante :

Fig. 310.

1	19	20	22	3
18	10	17	12	8
2	15	13	11	24
21	14	9	16	5
23	7	6	4	25

$(n-2)^2$ nombres moyens de la progression 1, 2, 3, ..., n^2 sont employés à la construction du noyau intérieur (à l'aide d'un carré magique quelconque de même grandeur) les $4(n-1)$ qui restent sont ensuite répartis dans les cases de bordure; deux couples de nombres complémentaires doivent nécessairement occuper les angles et les autres couples les mêmes bandes horizontales ou verticales.

La nature et la grandeur de la racine déterminent d'ailleurs, dans chaque cas particulier, les positions possibles pour chacun de ces couples.

De la racine dépend naturellement le nombre de bordures différentes simples pouvant servir d'encadrement au noyau central.

On peut aussi construire des *carrés à bordures irréguliers* dans lesquels le noyau central est constitué par d'autres nombres que les moyens de la progression 1, 2, 3, ..., n^2 (*fig.* 311) (d'après M. Frolow).

Fig. 311.

7	32	6	18	35	13
1	29	10	9	26	36
34	20	15	16	23	3
33	14	21	22	17	4
12	11	28	27	8	25
24	5	31	19	2	30

Dans tous les carrés à bordures on peut, sans inconvénient, donner au noyau central les huit positions de rotation et de symétrie; il en résulte autant de variantes dont le nombre se multiplie encore par toutes celles qui peuvent résulter des permutations possibles entre les couples composant des bordures.

On conçoit alors tout l'intérêt que présentent ces figures et comment elles peuvent être considérées, avec Frénicle, comme une véritable méthode de construction des carrés magiques, en général.

Tableau indiquant par leur numéro de figure tous les carrés magiques réguliers contenus dans l'Ouvrage.

CARACTÉRISTIQUES		CARRÉS SIMPLES		SEMI-DIABOLIQUES		DIABOLIQUES		PAGES
VALEUR de n	VALEUR de $C=\frac{n(n^2+1)}{2}$	ORDINAIRES	A MAGIE complémentre	A MAGIE complémentre simple	A MAGIE complémentre multiple	PARFAITS	IMPARFAITS	
3	15	172	"	"	"	"	"	61
		16	"	"	"	"	"	13
		88	"	"	"	"	"	35
		89	"	"	"	"	"	35
		158*	"	"	"	"	"	54
		192	"	"	"	"	"	65
		"	31	"	"	"	"	16
		"	94	"	"	"	"	39
		"	"	5	"	"	"	10
		"	"	7	"	"	"	10
		"	"	9	"	"	"	10
		"	"	11	"	"	"	11
		"	"	60	"	"	"	26
4	34	"	"	61	"	"	"	26
		"	"	62	"	"	"	26
		"	"	63	"	"	"	26
		"	"	169	"	"	"	57
		"	"	170	"	"	"	57
		"	"	171	"	"	"	57
		"	"	230	"	"	"	82
		"	"	"	"	18	"	14
		"	"	"	"	58	"	25
		"	"	"	"	59	"	25
		"	"	"	"	176	"	62
		"	"	"	"	232	"	83
		310*	"	"	"	"	"	111
		"	33	"	"	"	"	16
		"	35	"	"	"	"	16
		"	65	"	"	"	"	26
		"	66	"	"	"	"	26
		"	67	"	"	"	"	27
		"	68	"	"	"	"	27
		"	95	"	"	"	"	39
		"	100	"	"	"	"	41
		"	101	"	"	"	"	41
		"	"	41	"	"	"	18
5	65	"	"	126	"	"	"	47
		"	"	"	45	"	"	18
		"	"	"	99	"	"	41
		"	"	"	125	"	"	47
		"	"	"	130	"	"	48
		"	"	"	131	"	"	48
		"	"	"	132	"	"	48
		"	"	"	133	"	"	48
		"	"	"	224	"	"	79
		"	"	"	"	199	"	68
		"	"	"	"	"	148	51
		"	"	"	"	"	156	54
		"	"	"	"	"	198	68

Tableau indiquant par leur numéro de figure tous les carrés magiques réguliers contenus dans l'Ouvrage. (Suite.)

CARACTÉRISTIQUES		CARRÉS SIMPLES		SEMI-DIABOLIQUES		DIABOLIQUES		PAGES
VALEUR de n	VALEUR de $C = \frac{n(n^2+1)}{2}$	ORDINAIRES	A MAGIE complément	A MAGIE complément simple	A MAGIE complément multiple	PARFAITS	IMPARFAITS	
		51	"	"	"	"	"	32
		168*	"	"	"	"	"	56
		"	37	"	"	"	"	17
		"	106	"	"	"	"	43
		"	113	"	"	"	"	45
		"	114	"	"	"	"	45
		"	145	"	"	"	"	49
		"	146	"	"	"	"	50
		"	147	"	"	"	"	50
		"	"	43	"	"	"	18
		"	"	127	"	"	"	47
		"	"	128	"	"	"	47
		"	"	129	"	"	"	47
		"	"	134	"	"	"	48
		"	"	135	"	"	"	48
		"	"	136	"	"	"	48
		"	"	137	"	"	"	48
		"	"	141	"	"	"	49
		"	"	142	"	"	"	49
		"	"	143	"	"	"	49
		"	"	144	"	"	"	49
6	111	"	"	282	"	"	"	99
		"	"	283	"	"	"	99
		"	"	284	"	"	"	99
		"	"	285	"	"	"	99
		"	"	286	"	"	"	99
		"	"	287	"	"	"	99
		"	"	288	"	"	"	99
		"	"	289	"	"	"	99
		"	"	290	"	"	"	99
		"	"	291	"	"	"	99
		"	"	292	"	"	"	99
		"	"	293	"	"	"	99
		"	"	294	"	"	"	100
		"	"	295	"	"	"	100
		"	"	296	"	"	"	100
		"	"	297	"	"	"	100
		"	"	"	49	"	"	19
		"	"	"	102	"	"	42
		"	"	"	103	"	"	42
		"	"	"	104	"	"	42
		"	"	"	105	"	"	42
		"	"	"	138	"	"	49
		"	"	"	139	"	"	49
		"	"	"	140	"	"	49
		"	"	"	298	"	"	100
		"	"	"	299	"	"	100
		"	"	"	300	"	"	100
		"	"	"	301	"	"	100

Tableau indiquant par leur numéro de figure tous les carrés magiques réguliers contenus dans l'Ouvrage. (Suite.)

CARACTÉRISTIQUES		CARRÉS SIMPLES		SEMI-DIABOLIQUES		DIABOLIQUES		PAGES
VALEUR de n	VALEUR de $C=\frac{n(n^2+1)}{2}$	ORDINAIRES	A MAGIE complémentre	A MAGIE complémentre simple	A MAGIE complémentre multiple	PARFAITS	IMPARFAITS	
		"	115	"	"	"	"	45
		"	116	"	"	"	"	45
		"	"	197	"	"	"	67
7	175	"	"	"	"	201	"	69
		"	"	"	"	"	39	17
		"	"	"	"	"	189	65
		"	"	"	"	"	200	69
		"	"	167	"	"	"	55
		"	"	195	"	"	"	66
8	260	"	"	"	47	"	"	19
	"	"	"	"	"	183	"	63
	"	"	"	"	"	234	"	83
		"	227	"	"	"	"	81
		"	228	"	"	"	"	81
		"	"	208	"	"	"	71
9	369	"	"	"	210	"	"	71
		"	"	"	211	"	"	71
		"	"	"	212	"	"	72
		"	"	"	216	"	"	75
		"	"	"	229	"	"	81
		"	"	270	"	"	"	96
10	505	"	"	271	"	"	"	96
		93	"	"	"	"	"	38
11	671	"	"	"	"	203	"	69
		"	"	"	"	"	202	69
		"	"	306	"	"	"	106
12	864	"	"	"	231	"	"	82
		"	"	"	"	233	"	83
		"	"	"	219	"	"	76
13	1105	"	"	"	"	220	"	76
14	1379	"	"	302	"	"	"	102
15	1695	"	"	"	214	"	"	73
		"	"	307	"	"	"	107
16	2056	"	"	"	"	235	"	84
		"	"	"	221	"	"	77
17	2465	"	"	"	"	222	"	78
18	2925	"	"	303	"	"	"	103
20	4010	"	"	308	"	"	"	108
22	5335	"	"	304	"	"	"	104
24	6924	"	"	309	"	"	"	109
25	7825	"	"	"	"	204	"	70
		"	"	"	"	223	"	79
26	8801	"	"	305	"	"	"	105

FIN.

TABLE DES MATIÈRES.

Pages.

PREMIÈRE PARTIE.

LES FIGURES DE NOMBRES SUR L'ÉCHIQUIER.

CHAPITRE I.

CONSIDÉRATIONS GÉNÉRALES.

CHAPITRE II.

DÉFINITION, NOTATION, CLASSIFICATION DES CARRÉS MAGIQUES.

DEUXIÈME PARTIE.

PROPRIÉTÉS DES CARRÉS MAGIQUES.

CHAPITRE I.

PROPRIÉTÉS ARITHMÉTIQUES ET ALGÉBRIQUES.

CHAPITRE II.

PROPRIÉTÉS GÉOMÉTRIQUES.

CHAPITRE III.

PROPRIÉTÉS PARTICULIÈRES AUX CARRÉS MAGIQUES SINGULIERS.

TROISIÈME PARTIE.

CONSTRUCTION DES CARRÉS MAGIQUES.

CHAPITRE I.

PROCÉDÉS DIVERS DE CONSTRUCTION.

CHAPITRE II.

MÉTHODE DU CARRÉ GUIDE.

CHAPITRE III.

FIGURES MAGIQUES DIVERSES.

FIN DE LA TABLE DES MATIÈRES.

PARIS. — IMPRIMERIE GAUTHIER-VILLARS,
35735 Quai des Grands-Augustins, 55.

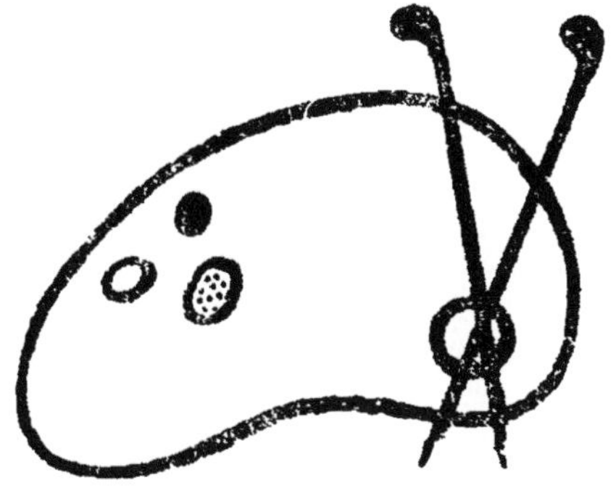

www.ingramcontent.com/pod-product-compliance
Ingram Content Group UK Ltd.
Pitfield, Milton Keynes, MK11 3LW, UK
UKHW022113190726
13855UKWH00002B/831

9 782013 457507